BAOHUXING GENGZUO DE
SHUITU BAOCHI XIAOYING YANJIU

保护性耕作的
水土保持效应研究

唐涛 王安 王荚文 郝明德 董晓兵 著

U0260927

中国农业出版社
北京

图书在版编目（CIP）数据

保护性耕作的水土保持效应研究／唐涛等著．—北京：中国农业出版社，2023.8
ISBN 978-7-109-31045-2

Ⅰ.①保…　Ⅱ.①唐…　Ⅲ.①资源保护－土壤耕作－研究　Ⅳ.①S341

中国国家版本馆 CIP 数据核字（2023）第 160370 号

中国农业出版社出版

地址：北京市朝阳区麦子店街 18 号楼
邮编：100125
责任编辑：李昕昱　吴丽婷
版式设计：李　文　责任校对：周丽芳
印刷：北京印刷一厂
版次：2023 年 8 月第 1 版
印次：2023 年 8 月北京第 1 次印刷
发行：新华书店北京发行所
开本：880mm×1230mm　1/32
印张：5.75
字数：160 千字
定价：68.00 元

前言
FOREWORD

我国水土流失严重，尤其是黄土高原地区，土壤抗侵蚀能力弱，雨季土壤侵蚀现象时有发生，严重危害人民群众的生产生活。保护性耕作是国际上公认的水土保持有效措施，具体措施包括覆盖、留茬、免耕翻等多项技术措施。实践证明，在黄土高原地区实行保护性耕作是减少水土流失积极有效的措施。

笔者自 1994 年主持国家"八五"科技攻关项目——长武高原沟壑区治理模式及建立高效农业生态经济系统研究开始，依托中国科学院长武黄土高原农业生态试验站，开展了长期的保护性耕作技术体系研究，多年来为黄土高原水土保持提供了诸多可行性建议；其间培养的几十位优秀的硕士生、博士生，已走上不同的工作岗位，为祖国各地水土保持事业贡献了自己的力量。

本书采用发现问题、分析现状、因地制宜解决问题的研究思路，详细介绍了水土流失现状、保护性耕作研究进展、覆盖留茬等措施的水土保持效果。内容包括：土壤侵蚀和保护性耕作研究概况，研究内容与方法，秸秆覆盖留茬协同措施、耕翻面积、玉米种植密度、留茬高度、坡度对水土流失的影响，秸秆覆盖对玉米不同生长期的水土保持效应、秸秆覆盖量对水土保持的影响。水蚀试验在黄土高原土壤侵蚀与旱地农业国家重点实验室降雨大厅进行，保证了降雨强度稳定可控，土槽高度便于调节，减少外界干扰，获取的数据可靠性强，能最大限度地说明保护性耕作对水土保持的影响程度，为科学研究和政府政策制定提供有效的理论依据。

本书适用于从事保护性耕作和水土保持研究人员、水土保持生态工程实施人员，同时对政府制定利用保护性耕作的方法减少水土流失政策具有一定的借鉴意义。本书具有一定的科普性和实用性，也适用于社会各界读者。

本书的研究内容得到中国科学院水利部水土保持研究所、西北农林科技大学水土保持研究所、陕西省科学技术厅等单位的大力支持，特此致谢。书中有关内容是在陕西省保护性耕作项目的长期支持下完成的，一并致谢。

著　者

目录

CONTENTS

1

绪　　论

1.1　目的和意义

　　我国水土流失面积占到国土总面积的 37.6%，是世界上水土流失严重的国家之一（李智广，2009）。黄土高原是我国主要的旱作农业区，植被覆盖度（盖度）低，土壤抗侵蚀能力不足，特别是黄绵土、风沙土抗侵蚀能力很低，加之年内降雨分布高度集中（穆兴民等，2010），造成严重的水土流失，导致土壤肥力下降，土地资源遭受破坏，生态环境极为脆弱；严重的水土流失对农业生产影响巨大，制约着黄土高原旱地农业的可持续发展。加之长期以来不合理的土地利用方式和耕作措施，致使该地区生态环境持续恶化，水土流失形势益趋严峻。

　　水土流失的危害主要源自土壤侵蚀，防治土壤侵蚀有效的方法之一是合理利用土地（于东升等，1998），但是目前面积广大的坡耕地无法完全通过工程措施和退耕还林还草实现改造（唐克丽，2000），而在防治水土流失的同时，也应充分考虑防治措施对农业生产的影响，对生态效益和经济效益作综合考量。因此，如何在有效防治水土流失的同时促进农业生产发展，是黄土高原地区可持续发展所面临的重要问题。随着近年来保护性耕作在全国范围内推广，其减少水土流失、改良土壤结构（朱文珊，1996）、增加土壤肥力（翟瑞常，1996）、提高农田水分利用效率（张海林等，2005）、提高土壤微生物数量与活性（Edwards W M，1992；Hendrix P F，1992）以及改善生态环境（Lal R，2004；Lal R et al.，2004）等作用已被广泛认可，在黄土高原地区实行保护性耕作是减少水土流失积极有效的措施。

为探究黄土高原保护性耕作的水土保持效果以及作用机理，本书通过人工模拟降雨试验的方法，定量研究保护性耕作的主要技术措施对产流产沙的影响，并就其在不同留茬类型、秸秆覆盖、土壤类型、玉米种植密度和不同生育期的表现进行比较，综合评价保护性耕作技术措施的水土保持效应，以期为黄土高原农田水土流失防治提供理论依据。对提高耕地质量、增强农业综合生产能力、保护环境、促进农民增收、推进农业可持续发展也具有一定的现实意义。

1.2　土壤侵蚀研究概况

1.2.1　土壤侵蚀概念

土壤侵蚀是指土壤及其母质在水力、风力、冻融以及重力等侵蚀营力作用下发生分散、搬运和沉积的过程（Ellison W D，1947）。《中国大百科全书·水利卷》对土壤侵蚀的定义为：土壤及其母质在水力、风力、冻融、重力等外营力作用下，被破坏、剥蚀、搬运和沉积的过程。根据侵蚀力的不同，土壤侵蚀可分为水力侵蚀、风力侵蚀、重力侵蚀和冻融侵蚀四大类。

水力侵蚀是指以降雨、径流为主要动力作用的侵蚀，水力侵蚀是全球分布最广泛的侵蚀类型，在我国的很多地区，也都是以水力侵蚀为主；降雨侵蚀是降雨侵蚀力与土壤可蚀性的相互作用。我国水力侵蚀面积达 161.22 万 km^2，占我国国土总面积的 17%，广泛存在于全国各地，主要集中于西部地区，尤其是在世界最大的黄土沉积区——黄土高原地区，水力侵蚀尤其严重。埃利森将水力侵蚀分为 4 个过程，即雨滴侵蚀过程、径流侵蚀过程、雨滴搬运过程和径流搬运过程（Ellison W D，1947）。

水土流失一词最早应用于我国黄土高原地区，描述水力侵蚀作用，在水力、重力以及风力等外营力作用下水土资源遭受损失和破坏的过程称为水土流失，它是反映土壤侵蚀危害程度的直接指标。由于水土保持科学发展和水土保持任务扩大的需要，水土流失已作为土壤侵蚀的同义语在科学研究和实践中广泛使用（史德明，1998）。土壤可蚀性、降雨侵蚀力和植被覆盖度是影响土壤侵蚀的三大因子（Cook L，1936）。黄土高原地区水土流失面积达 45.4 万 km^2，占该地区总面积的 71%，多年平均输入黄河的泥沙量达 16 亿 t，使黄河下游河道平均每年淤积升高 10cm，该地区水土流失具有流失面积广、强度大、流失量多、时空分布集中等特点，严重制约着区域农业和当地经济的发展（李永红等，2011）。

1.2.2　国外土壤侵蚀研究进展

土壤侵蚀的研究经历了 20 世纪 40 年代以前的现象观察和一般性描述、20 世纪 40—60 年代的物理过程研究及 20 世纪 60 年代后的土壤侵蚀过程及其模拟 3 个阶段。土壤侵蚀被作为一门学科进行研究已有 200 多年的历史，最早始于 18 世纪中叶的俄罗斯，其工作侧重于土壤侵蚀的防治，即土地资源特别是农地的保护、改良与合理利用。1751 年罗蒙洛索夫首次谈到暴雨对土壤的溅蚀作用，1753 年详细论述了土壤侵蚀对农业生产的影响。进入 19 世纪，开展了土壤侵蚀调查，绘制了部分区域土壤面蚀和沟蚀分布图。19 世纪末，道库恰也夫等许多学者提出了许多防止土壤侵蚀及干旱的措施。1917 年俄国十月革命胜利后，在奥尔诺夫斯克州成立了世界上第一个土壤保持试验站——诺活西里试验站，从事土壤侵蚀研究（王礼先，1995；张洪江，2000）。德国土壤学家沃伦于 19 世纪末进行了土壤侵蚀与坡度、坡向、植被覆盖度和土壤类型之间关系的研究。美国科学家 Miller 于 1917 年在密苏里州农业试验站建立了长 27.66m、宽 1.83m 的野外径流小区，研究作物类型及其轮作对土壤侵蚀的影响（Meyer L，1984）。Bennet（1926）认识到土壤的抗蚀性随土壤种类的不同而变化，他测定了古巴砖红壤的质地、结构、有机质和化学组成等。Middleton（1930）比较了美国密苏里州的易蚀土壤和古巴的不易蚀土壤，以及北卡罗来纳州的易蚀土壤和不易蚀土壤，发现以分散状态存在的粉、沙、黏性土壤的含量与土壤的可蚀性有明显的相关性。Free 早在 1911 年就开展了风蚀研究。这一时期土壤侵蚀的研究主要集中依据野外建立的试验小区，对自然降雨的观测试验定性描述土壤侵蚀现象。

到 20 世纪 30 年代，美国已经设立了 19 个水土保持试验站，并在之后的十年，扩大为 44 个试验站，具体研究了降雨强度、降雨历时、季节分配、土壤可蚀性、地面坡度、植被覆盖、土地利用、土壤入渗及坡面流等。随着计算机技术的应用和试验小区数据的积累，为建立具有一定物理成因基础的侵蚀预报模型奠定了科学基础。Cook（1936）通过对大量径流小区的分析，提出了影响土壤侵蚀的三大因子（土壤可蚀性、降雨侵蚀力和植被覆盖度），为土壤侵蚀预报技术的发展提供了思路。Zingg A W（1940）应用小区模拟阵雨和野外条件，把土壤流失量和坡长及坡度联系起来。Smith D D（1941）在一种土壤上根据作物轮作和土壤处理的 4 种组合，评价了土壤保持工程措施的作用。Ellison（1947）将水蚀分为 4 个过程：即雨滴侵蚀过程、径流侵蚀过程、雨滴搬运过程和径流搬运过程。Musgrave G W（1947）提出了降雨特性和土壤侵蚀总量之间的关系，建立了马斯格雷夫方程。这些研究为通用土壤流失方程 USLE 的建立奠定了基础。Wischmeier 和 Smith D D（1965）在对美国东部地区 30 个州 10 000 多个径流小区近 30 年的观测资料进行系统分析的基础上，提出了著名的通用土壤流失方程 USLE。通用土壤流失方程 $A=R \cdot K \cdot LS \cdot C \cdot P$。该方程较为全面地考虑了影响土壤侵蚀的自然因素，通过降雨侵蚀力（R）、土壤可蚀性（K）、坡长坡度（LS）、作物覆盖与管理（C）和水土保持措施（P）五大因子进行定量计算。该方程在之后的很多年，深刻影响着土壤侵蚀模型研究的方法和思路。在之后的很多年里，世界各地的大部分研究都是对 USLE 中 5 个因子在不同地区的修正和应用。美国土壤保持局建立了 USLE 的修正版 RUSLE。RUSLE 的结构与 USLE 相同，但对各因子的含义和算法做了必要的修正，同时引入了土壤侵蚀过程的概念，如考虑了土壤分离过程等。与 USLE 相比，RUSLE 所使用的数据范围更广，资料的需求量也有较大提高，同时增强了模型的灵活性。

　　进入 20 世纪 80 年代以来，众多基于土壤侵蚀过程的物理模型相继建立，从而适应了各种情况下的土壤侵蚀预测和评价。物理模型运用了大量土壤侵蚀过程研究的结果，并且使用如质量守恒、牛顿第二运动定律以及热力学第一定律等普遍规律（Renard K D，1997），使得模型基本上可在其他地区推广应用。过程模型可以提供侵蚀时空分布信息（1989）；同时，模型中如果正确使用了物理过程，它将提高管理措施和土地利用变化对土壤侵蚀影响方面预报的可靠性。1985 年美国农业部组织农业研究局、林业局、水保局及土地管理局，研究了土壤侵蚀预报模型 WEPP（Lane L J，1992）。该模型可以估算土壤侵蚀的时空分布，即全坡面或坡面任一点的净侵蚀量及其随时间的变化，可以预报坡面的土壤流失量，也可以预报小流域的土壤流失量。英国 Morgan（1998）等人根据欧洲土壤侵蚀的研究成果，开发了用于描述和预报田间和流域的土壤侵蚀预报模型 EROSEM。EROSEM 是基于物理过程的次暴雨分布式侵蚀模型，模型涉及植被截留、土壤表面状况、径流产生、剥蚀及径流搬运能力等方面对侵蚀过程的影响。荷兰的 De Roo 等人（1996）建立的土壤侵蚀预报模型 LISEM 较详细地考虑了侵蚀产沙的各个过程，包括降雨、截留、填洼、渗透、水分垂直运动、表层水流、沟道水流、土壤分散及泥沙输移等过程，同时也考虑了如机耕道和田间小路等因素对水文和侵蚀过程的影响，并对上述各种过程分别建立了子模型。

　　随着经验性水土流失预报模型逐渐被物理过程模型代替，坡面流及坡面侵蚀过程的物理机制越来越受到研究者的重视。坡面流雨水降落在坡面上，首先在土壤中入渗，经过一段时间，土壤蓄水能力达到饱和，或降雨强度超过逐渐减小的土壤入渗能力，就会产生多余的水量，等充满地表的凹坑后，就会沿坡面流动形成坡面流。一般将坡面产流分为超渗产流和蓄满产流两种。降雨强度超过土壤下渗率而产流的称为超渗产流，而产流前表层土壤达到饱和状态的产流过程称为蓄满产流。坡面流最大的特征就是均匀覆盖地表，水面深度很小，与地表的微小起伏属同量级，底面微小凸起都可能超出坡面流表面，受不规则地形的影响，径流总是向相邻的较低处汇集，形成辫状交织的水网。在雨强较小时，坡面产流很少，局部流动甚至没有明确的流动方向。因此，坡面流受地表的影响较大，其水力特性取决于许多因素，如降水强度和降雨时间、土壤质地或种类、前期水分条件、植被密度和类型，以及地貌特性（包括洼坑、小丘数量和大小、坡度和坡长等）。由于坡面流形成的复杂性，运动的非恒定、非均匀性，流态沿程的易变性，边界条件的特殊性等，对坡面水力特性进行准确的描述比较困难，从而也影响了坡面流侵蚀和输沙机理的研究。

1.2.3 我国土壤侵蚀研究进展

我国土壤侵蚀的研究始于 20 世纪 20 年代，由当时的金陵大学森林系部分教师在晋鲁豫进行水土流失调查及径流观测，30 年代在该校开设土壤侵蚀及其防治方法课程。1933 年原黄河水利委员会成立并设置林垦组，从事防治土壤冲刷工作。40 年代黄瑞采等学者对陕甘黄土分布、特性与土壤侵蚀的关系等进行了深入的考察研究。此后，相继在天水、西安、平凉、兰州、西江、东江、南京和福建建立了水土保持实验站（钱正英，1982；夏卫兵，1989）。在试验小区开展了大量研究工作，使我国的土壤侵蚀研究取得了大量的成果。黄秉维（1953，1955）、朱显谟（1956，1991）对土壤侵蚀的分类进行了大量的研究，将土壤侵蚀划分为水力侵蚀、风力侵蚀、重力侵蚀、冻融侵蚀和人为侵蚀，在每一种侵蚀类型中进一步划分侵蚀方式。唐克丽（1990）在前人分类的基础上增加水蚀风蚀复合侵蚀类型。20 世纪 50 年代黄秉维采用 3 级分区方案编制了黄河中游土壤侵蚀分区图（黄秉维，1955）。朱显谟（1991）根据黄河中游不同区域和尺度的要求，提出了土壤侵蚀 5 级分区方案，即侵蚀地带、侵蚀区带、侵蚀复区、侵蚀区和侵蚀分区。辛树帜等

（1982）将全国土壤侵蚀类型划分为水力侵蚀、风力侵蚀和冻融侵蚀 3 个一级区，并将水力侵蚀区分为 6 个二级区。"七五"期间唐克丽在系统总结前人研究成果的基础上，编制了黄土高原地区 1∶50 万土壤侵蚀类型图和土壤侵蚀强度等分区图，明确划分出水蚀风蚀类型区。80 年代，史德明（1983）结合长江流域土壤侵蚀重点县的调查，编制了土壤侵蚀程度图和土壤侵蚀潜在危险图。从 80 年代开始，我国开展了大量土壤侵蚀的定量研究，窦保章等（1982）研究了用色斑法测定雨滴直径的方法，并拟合出了色斑直径与雨滴直径的关系。江忠善（1983）等认为雨滴直径与降雨强度呈幂函数关系，雨滴终点速度决定于雨滴的大小和形状。牟金泽（1983）考虑到雨滴降落过程的形态变化，建议当雨滴直径 $d<$ 1.9mm 时，雨滴终点速度用修正的沙玉清公式计算，当 $d\geqslant$ 1.9mm 时，用修正的牛顿公式计算。周佩华等（1981）、蔡强国（1989）、江忠善等（1989）、高学田等（2001）认为溅蚀量与降雨动能呈指数关系。江忠善等（1989）认为溅蚀总量与坡度的关系呈有极小值的二次抛物线关系，其坡度临界值为 21.4。王万忠等（1996）对黄土高原区降雨侵蚀力 R 指标进行了研究，陈明华等（1995）对土壤可蚀性因子进行了研究，阮伏水（1995）研究了坡度、坡长因子对土壤侵蚀的影响，张志强等（2001）对植被覆盖因子影响径流的机制进行了研究，吴长文等（1995）对植被的水土保持效益进行了研究，王占礼等（2002）对黄土地区耕作侵蚀进行了研究，孔亚平等（2003）认为黄土高原坡耕地坡面侵蚀输沙能力从上坡到下坡依次增加，在 5~7.5m 坡段急剧增加。这些研究取得了一系列的成果，为我国土壤侵蚀经验统计模型的建立和发展奠定了基础。牟金泽等（1983）根据黄土丘陵沟壑区各水土保持试验站的径流小区实测资料，建立了一个预报次降雨的土壤流失方程。江忠善等（1989）以陕北黄土高原纸坊沟流域为研究对象，建立了沟间地土壤侵蚀模型与沟谷地土壤侵蚀模型。汤立群（1995）将流域划分为 3 个典型的地貌单元，分别进行输沙和沉积演算。谢树楠等（1990）从泥沙运动力学的基本原理出发，在一系列假设的条件下，

建立了侵蚀量与雨强、坡长、坡度、径流系数和泥沙中值粒径间的关系，并用黄河中游 2 个中等流域的侵蚀资料进行了验证。蔡强国等（1999）将流域土壤侵蚀模型划分为坡面、沟坡和沟道 3 个相互联系的子模型。

纵观国内外最近的研究进展，对坡地土壤侵蚀以及保护性耕作进行了很多有效的探讨，并取得了一定的进展。然而，研究内容尚未涉及定量分析秸秆覆盖量和留茬高度对水土流失的影响，没有完善的保护性耕作减少水土流失的理论，对保护性耕作减少水土流失的机制研究还很薄弱。本书利用土槽径流小区系统，模拟坡地保护性耕作对水土流失的影响，分析不同的秸秆覆盖量和作物留茬高度对水土流失量和水土流失过程的影响，以及不同土壤类型区域的坡地实行保护性耕作对水土流失量和水土流失过程的影响。明确保护性耕作减少水土流失的效益，揭示保护性耕作减少水土流失的机理，其研究成果对深化坡地实行保护性耕作时土壤侵蚀规律的研究有一定的理论意义。

1.3 保护性耕作研究概况

1.3.1 保护性耕作起源

保护性耕作是区别于传统翻耕的新型耕作制度和技术，起源于 20 世纪 30 年代的美国西部，19 世纪末，大批移民到美国中西部平原垦荒，他们采用铧式犁翻耕方式，翻耕后多次耙压碎土，并烧掉秸秆残茬，裸露休闲，取得不错的收成。由于长期过度耕作，当地生态环境恶化，土壤结构变差，抗侵蚀能力严重降低，由此引发的黑风暴席卷美国 2/3 的国土，破坏耕地多达 300 万 hm^2，并造成冬小麦减产 510 万 t，给农业生产带来严重打击（Fryrear D et al.，1997）。该事件促使人们开始反思传统耕作方法，探索保水保土的新耕作方法；1942 年美国成立了土壤保持局，对各种保水、保土的耕作方法进行了大量研究。由此逐步创立了以秸秆、残茬覆盖和免耕播种为核心的保护性耕作，经大量研究和实践逐步创立以少免耕和秸秆覆盖为核心内容的保护性耕作，在多年不断地发展和完善中逐渐成为美国的主流耕作制度。经过 60 多年来世界范围内的深入研究，保护性耕作发展迅速，近 20 多年来已成为发达国家可持续农业的主导技术之一（Tebrugge F et al.，2001）。保护性耕作技术已推广应用于以美国和加拿大等美洲国家为核心的 70 多个国家，是相对使用比例增长最快的新技术之一，全球保护性耕作应用面积占世界耕地总面积的 11％，达到 1.7 亿 hm^2。我国作为农业大国，有着 2 000 多年的农耕史并采用了保护性耕作技术，早在西汉时的《氾胜之书》中就有利用草和土覆盖麦根以增加产量的记载，其后北魏的《齐民要术》以及明代的《天工开物》等典籍中也有免耕覆盖技术的相关记述，但一直未能形成系统的耕作体系。《农政全书》还有麦棉套种、麦沟套豆和留茬耦种等多种免耕技术的记载（陈玉民，1995；高焕文，2002）。

从 20 世纪 60 年代开始，我国针对保护性耕作展开区域性研究，自 20 世纪 90 年代以来经 10 多年持续试验，大体完成保护性耕作在我国的适应性评价，对适合我国农业发展需求的配套机具进行自主开发和国外引进，提出相应的保护性耕作技术体系，在全国范围内推广实施。实践证明，以秸秆覆盖和少耕、免耕为中心的保护性耕作法，大幅度地减少了水土流失，减少了大部分的田间起沙。保护性耕作还可以减少土壤水分蒸发、增加土壤蓄水量，从而提高作物产量。

1.3.2　保护性耕作概念与原理

国内外对保护性耕作概念的表述有所不同，从比较狭窄的认识角度，有人认为保护性耕作就是少免耕，将土壤耕作减少到能保证种子发芽即可，通过化学除草和秸秆覆盖，减少土壤侵蚀；也有人简单地认为保护性耕作技术就是"懒汉技术"，在中国南方等高产地区没有应用必要。还有人认为保护性耕作就是主要进行机械化土壤耕作，甚至提出没有农业机械就不可能发展该项技术。美国对保护性耕作定义经历了 3 个阶段，第一阶段是 20 世纪 60 年代，将保护性耕作定义为少耕，通过减少耕作次数和留茬来减少土壤风蚀（Schertz D，1988；Mannering J et al.，2001）。第二阶段是 20 世纪 70 年代，美国水土保持局对保护性耕作进行了补充和修正，将保护性耕作定义为不翻耕表层土壤，并且保持农田表层有一定残茬覆盖的耕作方式，并且将不翻表层土壤的免耕、带状间作和残茬覆盖等耕作方式划入保护性耕作范畴；前两个阶段都已经涉及作物残茬覆盖，但都没有明确残茬覆盖量的问题。第三阶段是 20 世纪 80 年代，把保护性耕作定义为一种作物收获后保持农田表层 30％残茬覆盖最终达到防止土壤水蚀的耕作方式和种植方式（Uri，1999）。全球气候、土壤类型多样，种植制度变化大，保护性耕作技术类型繁多，美国对保护性耕作定义也难以概括全貌。

在保护性耕作的起源地美国，美国保护性耕作信息中心提出根据秸秆残茬覆盖率对耕作方式进行分类，将作物收获后地表残茬覆盖率超过 30％的耕作方式称为保护性耕作，包括免耕、秸秆覆盖、垄作以及带状耕作等；地表残茬覆盖率在 15％～30％的耕作方式称为少耕，残茬覆盖率在 15％以下的为传统耕作。美国专家也将保护性耕作定义为播前免耕或只进行一次表土耕作，秸秆覆盖率在 30％以上并利用除草剂对杂草进行控制的耕作方法（Schwab E B et al.，2002）。2002 年我国农业部提出保护性耕作是在实行少免耕的基础上利用作物秸秆或残茬对地表进行覆盖的一项先进农业耕作技术，能够有效减少土壤侵蚀，增强农田土壤的抗旱性和水肥效应。农业部要求秸秆覆盖量不低于秸秆总量的 30％，留茬覆盖高度不低于秸秆高度的 1/3。农业部颁发的《保护性耕作关键技术要点》提出保护性耕作就必须实行免耕和少耕（张铁军，2004）。2007 年亚太地区保护性耕作发展国际研讨会上提出保护性耕作是指以少免耕播种、秸秆还田覆盖、垄作轮作复式作业、综合控制病虫草害等为主要内容，以农业可持续发展和保护生态环境为目标的先进农业技术，能够有效防止农田水土流失，减少温室气体排放，具有蓄水保墒和节本增效等作用（唐涛，2008）。近年来，联合国粮食及农业组织（FAO）又提出在提高环境质量的前提下，以保护性耕作为主体，综合管理可利用的土壤、水分及生物资源，实现农业可持续发展的保护性农业概念。高旺盛（2007）根据保护性耕作的概念和内涵，将保护性耕作的原理概况为：①通过少免耕等技术减少土壤扰动以减少土壤侵蚀的"少动土"原理；②通过秸秆覆盖和残茬覆盖等地表覆盖技术减少地表裸露面积的"少裸露"原理；③通过合理搭配作物，实施耕层改造和水肥调控等配套技术，控制温室气体、地下水硝酸盐以及土壤重金属等污染物的"少污染"原理；④通过综合运用保护性耕作技术达到蓄水保墒效果的"高保蓄"原理；⑤通过综合运用保护性耕作核心技术和配套技术以实现最大生产效益的"高效益"原理。高焕文（2005）认为保护性耕作是用大量秸秆残茬覆盖地表，将耕作减少到只要能保证种子发芽即可，主要用农药来控制杂草和病虫害的耕作技术。李曼（2005）认为保护性耕作是按照作物的栽培要求，利用秸秆及残茬覆盖土壤，对农田实行免耕、少耕，主要用农药来控制杂草和病虫害，并适时深松的一种耕作技术。马春梅等人（2006）认为保护性耕作是指能够保持水土、培肥地力和保护生态环境的耕作措施与技术体系，以秸秆覆盖和少耕、免耕为中心内容，其技术的实质性特点是历年的作物秸秆不断地在土壤表层累积，逐渐形成肥沃的腐殖层。保护性耕作是指不引起土壤全面翻转的耕作方法，它与传统的耕作方法不同，要求大量作物残茬留在地表，使用农药来控制杂草和害虫。章秀福（2006）认为保护性耕作是以减轻水土流失和保护土壤与环境为主要目标，采用保护性种植制度和配套栽培技术形成的一套完整的农田保护性耕作技术体系。

1.3.3　保护性耕作主要内容

　　保护性耕作的主要内容可以概括为以下 4 个方面：一是改革铧式犁翻耕土壤的传统耕作方式，实行少免耕；二是利用作物秸秆覆盖或残茬覆盖对地表形成保护，提高土壤肥力和天然降雨利用率，同时削弱水蚀和风蚀强度，减少水分无效蒸发；三是实施播前少免耕，简化工序，减少机械作业的次数和成本，在实行秸秆覆盖或残茬覆盖的基础上进行开沟播种和施肥施药，实现覆土镇压复式作业；四是利用除草剂或机械表土作业代替翻耕来控制杂草（Snyder S D et al.，1995）。其核心技术可概括为土壤少耕免耕技术、农田地表微地形改造技术及地表覆盖技术（高旺盛，2007）。根据对土壤影响程度的不同，保护性耕作技术可以分为 3 种类型：一是包括等高耕作、沟垄种植、垄作区田、坑田等技术措施在内的以改变微地形为主的保护性耕作技术；二是包括等高带状间作、等高带状间轮作、覆盖耕作（留茬或残茬覆盖、秸秆覆盖、地膜覆盖等）等技术措施在内的以增加地面覆盖为主的保护性耕作技术；三是包括少耕（含少耕深松、少耕覆盖）、免耕等技术措施在内的以改变土壤物理性状为主的保护性耕作技术。我国保护性耕作的研究具有明显的地域特色：少耕研究集中在东北地区，免耕研究集中在长江下游及东南地区，秸秆处理和综合性措施的研究以西北地区最多（谢瑞芝等，2008）。

保护性耕作取消了传统的用铧犁耕翻土壤的耕作方式，利用作物秸秆或残茬对地表进行覆盖，在此基础上实行少免耕播种，既加强了对土壤的保护，也提高了土壤的结构性能，使机械化耕作不再是单纯地改造自然，而是利用自然并实现与自然协调发展。保护性耕作与传统耕作相比作用效果主要体现在以下几个方面。首先，保护性耕作改变传统耕翻作业方式，采取少免耕以减少对土壤的扰动，利用秸秆覆盖和残茬覆盖保护地表免受雨滴溅蚀，减弱水土流失的效果明显；增加休闲期土壤的贮水量 14%～15%，提高水分利用率 15%～17%。其次，保护性耕作有利于耕层土壤结构稳步发育，作物秸秆还田和残茬覆盖能够增加土壤有机物含量，有利于保持和改善土壤结构，增加土壤团粒结构和毛管孔隙度，增强土壤肥力，土壤有机质平均每年提高 0.03%，速效氮提高 16.4%，速效钾提高 10.17%。再次，保护性耕作能够有效提高水分利用效率，地表覆盖秸秆能够阻挡土壤内部水分的蒸发，降低土壤表层温度。此外，结合我国农业生产实际进行合理的保护性耕作可以有效提高作物产量，中国农业大学保护性耕作研究中心研究表明，保护

性耕作能使玉米增产 4.1%，小麦增产 7.3%，小杂粮增产
11.2%，大豆增产 32%；同时保护性耕作可以有效减少田间作业
强度和成本，具有节本增效的作用（张海林，2005）。减少径流水
分流失 60%，减少泥沙流失 80%左右；减少土壤风蚀，抑制沙尘
暴；避免了焚烧秸秆，减少了大气污染。秸秆覆盖、少耕、免耕是
各种保护性耕作共有的基本要素。旱地农业保护耕作的主要方式就
是通过将作物残茬保留在地表从而保护水土资源。

1.3.4 国外保护性耕作研究进展

保护性耕作自创立以来，经不断地发展和完善，在改良土壤结
构、增加土壤肥力、提高农田水分利用效率、抑制水土流失、节本
增效等方面表现出明显效果，促使世界上许多国家开始对保护性耕
作进行研究和试验，并结合各自国情基础积极进行推广和使用。
2002 年联合国粮食及农业组织（FAO）对主要保护性耕作国家的
应用面积统计，全世界保护性耕作应用面积达到 1.69 亿 hm^2，占
世界总耕地面积的 11.3%，其中免耕面积达到 7 476.23 万 hm^2，
占世界总耕地面积的 4.9%。主要应用在旱作农业区的小麦、大
麦、玉米、苜蓿、豆类、油菜、棉花、小杂粮等 10 余种作物，部
分国家还应用于蔬菜等经济作物。

在研究和发展的过程中逐渐形成以少免耕、秸秆覆盖和残茬覆
盖、垄耕和带状耕作以及草田轮作等为主要形式的保护性耕作技术
体系（马兴旺，2004）。2002 年全球保护性耕作应用面积达 6 769
万 hm^2，占总耕地面积的 62%，在美国、加拿大、澳大利亚以及
部分南美洲国家保护性耕作面积均已达到耕地总面积的 60%以上，
在欧洲的应用面积约为 15%，亚洲和非洲对于保护性耕作的研究
起步较晚，发展相对落后（高焕文等，2008）。目前全世界免耕应
用面积约为 4 500 万 hm^2，在美国、加拿大、巴西、阿根廷等美洲
国家以及部分欧洲国家推广速度较快，在非洲和亚洲等地推广速度
较慢（王法宏等，2003）。Derpsch R（1999）估计世界上实行免耕
法的耕地有 95%在美洲，其中北美洲以美国和加拿大为主，免耕

应用面积占世界总应用面积的 51%，南美洲以巴西和阿根廷等国家为主，免耕地占世界总应用面积的 44%。保护性耕作技术已经全面应用到谷物生产中，相关配套机具得到广泛使用。

美国是保护性耕作的发源地，在世界上最早提出并开始研究保护性耕作。从 20 世纪 40 年代开始，美国即针对保水保土的新耕作方法展开相关研究工作，经过十多年试验成功开发免耕播种机和除草剂，自 60 年代起开始大面积推广保护性耕作。进入 20 世纪 90 年代，美国进一步加强了保护性耕作的研究，经几十年发展仍在不断地进行试验和完善，以降低耕作强度和增加地表覆盖率为主要研究方向，在技术、配套机具以及杂草控制方面取得了一系列成果，田间作业次数已由原来的 7～8 次削减为目前的 1～3 次（涂建平等，2004）。根据美国保护性耕作技术中心统计，2000 年美国采用保护性耕作措施的农田面积已占耕地总面积的 37%，达到 4 415 万 hm²，其中 2 100 万 hm² 实施了免耕，是世界上免耕面积最大的国家（CTIC，2001）。2002 年美国保护性耕作应用面积已占到耕地总面积的 60%，达到 6 769 万 hm²（李安宁等，2006），至 2004 年美国实行包括少免耕、秸秆覆盖和垄作等保护性耕作技术的耕地占全国耕地的 62.3%，传统耕作面积为 37.7%，免耕应用比例逐年上升，传统耕作应用比例不断下降，以铧式犁翻耕土地的方式基本消失（杨学明等，2004）。美国保护性耕作技术主要应用于玉米和大豆的种植，此外在高粱、小麦、棉花、烟草和蔬菜等作物种植中也有采用，除马铃薯、甜菜以及部分蔬菜作物由于自身特性所限无法实施外，保护性耕作技术已经应用到所有的谷物生产中，应用面积已经接近适宜区域总面积（Ralph P，2004）。

加拿大地理位置偏近北极，耕地资源多处于该国西部大草原地区，气候条件恶劣，干旱严重。加拿大传统耕作方法也是以铧式犁翻耕为主，对土壤扰动程度大，对耕层土壤结构破坏严重，加之地表少有残茬保护，土壤抗蚀性差，极易发生水蚀和风蚀，水土流失情况严重。加拿大保护性耕作的研究和试验起始于 20 世纪 60 年代，在 70—80 年代成功研制出高效实用的相关配套机具和除草剂，自 1985 年起开始大面积推广于国内主要农业主产省（高焕文，2008）。至 1996 年，加拿大保护性耕作应用面积占耕地总面积的 12%，达到 495.5 万 hm^2，草原耕地中少耕耕作体系的应用面积已有 23%，免耕耕作体系的应用面积为 12%，至 2002 年保护性耕作应用面积占全国耕地的比例上升至 30.5%，达到 1 300 万 hm^2，铧式犁翻耕已完全取消，主要利用除草剂替代耕作来控制杂草（关跃辉，2008）。加拿大主要致力于免耕播种、秸秆覆盖、深松耕作等机械化保护性耕作技术的研究，其中核心技术措施是土壤深松技术（王延好和张肇鲲，2004），近年来则主要致力于降低除草剂用量和减少机械作业成本，传统耕作机具在该国农机展会上已不多见，保护性耕作配套机具成为农机发展的主流方向（Guy L et al.，2004）。

澳大利亚地处印度洋南端，干旱严重，是典型的旱地农业国家，干旱面积占国土总面积的 81% 左右，加之土层厚度不足，多年过度耕翻，导致严重的水土流失。澳大利亚科学家预测如果不采取保护措施，澳大利亚全境的耕地面积将会在 100 年后减少一半。澳大利亚保护性耕作研究和试验开始于 20 世纪 70 年代，重点研究配套农业机械和病虫草害综合控制技术，在 20 多年的发展过程中保护性耕作在全国得到广泛推广和应用。截至 2000 年底，澳大利亚少耕应用面积占全国耕地总面积的 35%，免耕应用面积占全国耕地总面积的 36%，传统耕作应用比例已下降至 29%，而到了 2002 年澳大利亚保护性耕作应用面积已占耕地总面积的 73%，达到 1 460 万 hm^2，农业生产中已完全不再使用铧式犁翻耕（刘裕春，1999；杨林等，2001）。澳大利亚主要对少免耕、秸秆覆盖以及倒茬轮作等保护性耕作技术的研究较为重视，旱区田间作业铧式犁基本上被翼形铲所取代，秸秆还田覆盖得到普遍应用，为配合少免耕技术，许多农业生产者在水稻、小麦、牧草等种植中实施倒茬轮作（吴兰，2001）。近 20 年澳大利亚粮食产量增加一倍，这与保护性耕作的推广实施密不可分，据澳大利亚粮食研究与发展中心统计，保护性耕作在该国粮食增产中的贡献率在 40% 以上（Neil J，

2004)。

　　保护性耕作在南美洲起步虽晚，但发展较快，应用面积紧随北美洲之后，是目前世界上保护性耕作应用比例最高的地区，主要在巴西、阿根廷、智利、巴拉圭等国家得到广泛推广应用（Benites J R et al.，2003）。巴西于 1971 年引进保护性耕作技术，虽然经试验确定保护性耕作技术可以成功应用于农业生产，但由于缺少配套机具，难以大面积推广。1975 年免耕播种机的成功开发实现了保护性耕作在巴西的大面积推广，应用面积逐年上升，从 1985 年的 40 万 hm^2 到 1995 年的 650 万 hm^2 再到 2002 年的超过 1 700 万 hm^2，巴西保护性耕作的应用面积 17 年内增加 40 多倍，已占到耕地总面积的 80%，是世界上保护性耕作应用面积增长最快的国家。截至 2002 年，阿根廷和巴拉圭也有超过本国耕地总面积 80% 的土地实行了保护性耕作，其中阿根廷保护性耕作应用面积达到 2 000 多万 hm^2，巴拉圭保护性耕作应用面积超过 170 万 hm^2。南美洲之所以能够在短短的 20 多年内实现保护性耕作的大规模推广应用，主要是因为结合本国国情实际开发出了农业生产者能够负担得起的配套农业机具和除草剂（高焕文等，2008）。

　　欧洲大陆对保护性耕作的研究最早在 20 世纪 50 年代于苏联展开，试验主要内容是小麦留茬 20cm，保留 80% 左右的地表根茬和残株，以无壁犁深松（35～40cm）或浅松（12～18cm）代替传统有壁犁耕作法，用茬地播种机直接播种。欧洲其他国家在保护性耕作技术的研究与应用方面起步相对较晚，但是发展也很快，保护性耕作应用面积与南美洲相当，较北美洲略小。水土流失在欧洲多数国家并不严重，各国对于保护性耕作的研究和推广以简化农业生产工序和降低生产成本为主要目的。自 20 世纪 80 年代起，德国、法国、瑞士等国家相继开展保护性耕作的推广应用，在近 10 年时间内已有 16%～28% 的耕地应用了保护性耕作技术，传统耕翻作业的方式在逐年减少（王长生等，2004）。欧洲保护性耕作联盟的成立对保护性耕作在欧洲地区的发展起到了促进作用，其主要成员包括英国、法国、德国、意大利、葡萄牙和西班牙等，2001 年 10 月第一届世界保护性农业大会在西班牙召开，该会议由联合国粮农组织和欧洲保护性联盟共同组织，足以表明作为一种可持续农业生产方式和现代生态农业重要组成部分的保护性耕作已在世界范围内受到广泛重视，是未来农业生产的主流发展方向（Tebrugge F et al.，2001）。

1.3.5 国内保护性耕作研究进展

免耕可增加降水入渗，提高土壤贮水量与水分利用效率（蔡典雄等，1995）。秸秆覆盖在减少径流中起第一位作用，作用率约为47%（王茹等，1994）。保护性耕作累积径流量比传统翻耕减少60%左右（吴敬民等，1991）。免耕覆盖与传统翻耕相比，可以明显减少径流量和土壤流失量（王晓燕等，2000）。

作为世界上主要的干旱国家之一，我国有52.5%的国土面积处于干旱、半干旱地区，其中旱作农业面积达3 300万 hm^2，主要分布在昆仑山—秦岭—淮河一线以北的16个省、自治区、直辖市。保护和合理利用土壤，用养结合在我国几千年的农耕史中始终备受重视，但一直未能形成系统的理论体系和操作规范（信乃诠，2002），直到20世纪60年代，保护性耕作技术和理论研究才在我国逐步展开。70年代起部分高校和农业科学院开始覆盖和少（免）耕等试验研究，取得了较好的增产效果（张飞等，2004）。

20世纪60年代，小麦免耕播种试验在黑龙江国营农场展开，60年代末到70年代初，水稻残茬覆盖基础上实施小麦免耕播种的研究在江苏太湖和徐州展开，旱地农业耕作体系的研究则开始于80年代，减少耕作和实施覆盖是研究的主要内容和发展方向，原北京农业大学提出残茬覆盖减耕法（施森宝等，1990）、陕西省农业科学院旱地农业研究所提出旱地小麦高留茬少耕全程覆盖技术（赵二龙，1998）、山西省农业科学院提出旱地玉米免耕整秆半覆盖技术（籍增顺，1995）、河北省农业科学院提出一年两熟地区少免耕栽培技术（马大敏等，1998）、山东省淄博农机所提出深松覆盖沟播技术（李其昀，1996），这些试验虽然在推动我国保护性耕作

17

前期发展方面做出了不同程度的贡献，但其主要研究目标是抗旱增产，尚未考虑农业生产的可持续发展，没有同时兼顾生产效益和生态效益。此外，我国农业生产国情与国外差距较大，国外保护性耕作多应用于一年一熟旱作地区，农户经济条件较好，土地规模大，相关配套机具完备，而我国农业区划复杂，既有一年一熟旱作区也有一年两熟灌溉区，农户土地规模小，经济能力不足，配套农机具不完备，多为中小型，无法符合保护性耕作的需求，保护性耕作的优势难以发挥。

自 20 世纪 90 年代起，我国开始进行系统的保护性耕作体系研究，高焕文（2003）总结称我国保护性耕作经历了试验、试验示范、示范推广 3 个阶段，其间结合我国国情，针对保护性耕作技术在我国的适应性和相关配套机械设计等问题进行了大量研究，成果显著。1991 年以中国农业大学为首，联合中国农业科学院以及山西省农机局等与澳大利亚昆士兰大学展开合作，借鉴澳大利亚保护性耕作的发展模式，将澳大利亚的保护性耕作技术引入我国山西临汾和寿阳，进行系统的保护性耕作试验，展开保护性耕作在我国的适应性研究，主要目标是减少水土流失和抗旱增收，实现农业生产可持续发展。经过 10 年持续试验证明，保护性耕作能够适应我国农业生产，在保护生态环境和实现增产增效方面具有明显效果，适宜大面积推广（陈君达等，1993）。同时开发出免耕播种机、深松机和浅松机 3 个类型的配套机具，提出保护性耕作在我国一年一熟区的机械化工艺体系（陈君达等，1998），并推广应用于我国北方 10 个省份，应用面积达 40 万 hm²，为我国保护性耕作机械化的应用和推广奠定了初步基础。保护性耕作在一年一熟地区的试验示范于 1999 年开始在河北、辽宁、内蒙古、甘肃、陕西等地展开，一年两熟地区的试验示范于 2000 年开始在河北展开。2002 年 5 月农业部保护性耕作现场会在山西省召开，正式投资启动保护性耕作示范推广项目，将保护性耕作的试验示范和推广应用扩大到北京、天津、山西、河北、内蒙古、辽宁、陕西、甘肃 8 个省份，设立了 38 个保护性耕作示范县。2003 年在上述 8 个省份外，又将保护性耕作的试验示范扩大到河南、山东、宁夏、青海、新疆等省份，新增示范县 20 个，全国保护性耕作示范县累积达到 58 个，示范面积近 200 万亩，保护性耕作进入政府推动阶段。2005 年随着中央1 号文件的出台，保护性耕作的推广应用上升为国家政策。2007 年，保护性耕作的推广应用已遍及北方 15 个省份，建立有 173 个国家级示范县和 328 个省市级示范县，保护性耕作推广示范面积达 204 万 hm^2，多达 8 万台免耕播种机应用到农业生产中。2008 年全国保护性耕作应用面积已达 4 298 万亩，农田扬尘减少 84 万～168 万 t，水土流失减少 4 300 万～8 600 万 t，CO_2 等温室气体排放量减少 166 万～364 万 t。2009 年经国务院批准，农业部和国家发展改革委联合印发了《保护性耕作工程建设规划（2009—2015 年）》，将我国北方 15 个省份和苏北、皖北地区划分为黄淮海两茬平作、华北长城沿线、西北绿洲农业、西北黄土高原、东北西部风沙干旱、东北平原垄作 6 个保护性耕作类型区，通过工程建设，基本形成我国保护性耕作支撑服务体系，利用项目县 3.1% 的耕地建成总规模达 2 000 万亩的保护性耕作工程区 600 个，新增的 1.7 亿亩保护性耕作面积占我国北方 15 个相关省份及苏北和皖北地区总耕地面积的 17%。力争在项目建成三年后实现粮食平均增产 5% 以上，耕层土壤含水率提高 15% 左右，土壤有机质含量年均增加0.01%～0.06%，综合生产成本平均每亩降低 15～30 元，农田扬尘和土壤侵蚀量分别减少 50% 和 40%～80%，以提高综合生产能力，增强耕地蓄水保墒能力，改善土壤结构性能和农业生态环境。

　　保护性耕作是一场革新传统耕作制度的新农业技术革命，其在我国的推广和发展受到各级政府和研究人员的广泛关注，30 多年来在结合中国农业生产实际并吸收国外保护性耕作先进技术的基础上，我国保护性耕作研究在理论和技术方面取得诸多成果，陕北丘陵沟壑区坡地水土保持耕作技术、渭北高原小麦秸秆全程覆盖耕作技术、小麦高留茬秸秆全程覆盖耕作技术、旱地玉米整秸秆全程覆盖耕作技术、华北夏玉米免耕覆盖耕作技术以及机械化免耕覆盖技术、内蒙古山坡耕地等高种植技术、宁南地区草田轮作技术以及沟垄种植等技术的成功提出，为保护性耕作在我国的大面积推广应用奠定了良好基础。国内保护性耕作的总体发展趋势良好，应用保护性耕作较早的国家，保护性耕作的面积已占到较大比例，并且对于配套机具的研发和除草剂的研究使用有了较大发展。中国保护性耕作研究起步较晚，推广应用面积相对较小，地域辽阔生态类型多样，各生态类型区相应的技术体系尚不完善。

1.3.6 保护性耕作的水土保持效应研究进展

保护性耕作的研究起因于土地退化导致的生态灾难，因此防治水土流失，始终是保护性耕作研究的一个基本方向。保护性耕作的核心技术——土壤少免耕技术、农田地表微地形改造技术以及地表覆盖技术，能够在不同程度上影响降雨过程、地表径流和土壤侵蚀，起到减流减沙的作用。中国农业大学保护性耕作研究课题组连续 9 年试验研究表明，实施保护性耕作技术，地表径流量减少 $50\%\sim60\%$，土壤侵蚀量减少约 80%。

刘贤赵和康绍忠（1999）发现秸秆覆盖在土壤表面可避免降雨的冲击，土壤团粒结构稳定、疏松多孔，因而土壤的导水性能好，降水就地入渗快，地表径流少（艾海舰，1992；沈裕琥等，1998）。杜兵等（2000）于山西临汾进行了连续 6 年的田间试验，将 6 种保护性耕作技术与传统耕作进行对比，结果表明在冬小麦地实施保护性耕作时，夏季休闲期蓄水量较传统耕作平均增加 9%，水分利用效率较传统耕作平均高 13.2%。王晓燕等（2001）研究表明秸秆覆盖率越高，地表径流产生越慢，稳定入渗率越高，土壤含水量越晚达到饱和。王育红等（2002）通过室内模拟降雨试验和田间试验，针对秸秆覆盖和残茬覆盖在黄土坡耕地对水土流失的影响进行了研究，结果表明坡耕地覆盖能够有效减少土壤侵蚀，具有保水保土的效果，而且覆盖量越大、覆盖年限越长，效果越明显。王晓燕等（2003）在田间试验和对现有径流模型及土壤水分平衡模型改进的基础上，建立了适用于保护性耕作的地表径流和土壤水分平衡模型。该模型以日为步长，根据气象数据、土壤水分状况、作物生长发育情况及耕作管理措施，模拟不同耕作管理体系下地表径流和田间水分平衡的变化。杨佩珍（2003）连续 3 年定位跟踪土壤理化性状测定结果表明，稻麦在浅耕、免耕栽培条件下，稻麦秸秆粉碎全量直接还田，不但不会影响后茬稻麦产量，而且能提高土壤肥力，使有机质增加 15.2%，稻麦产量增加 3.2%～8.9%。苏子友等（2004）在豫西黄土坡耕地上，采用田间模拟小区和田间自然小区试验相结合的方法，研究了不同处理条件下降雨入渗、休闲期降水的储蓄率、不同土壤层次间接纳降水的增量、冬小麦产量及水分利用效率等因素。研究结果表明，保护性耕作有延缓径流、增加降雨入渗的作用，其稳定入渗率是未采取保护性耕作的 1.22～6.67 倍，在降雨强度为 68mm/h 时其地表产生径流时间比传统耕作晚 6～15min；免耕和深松处理，土体内的含水量、接纳降水的能力明显高于传统耕作，休闲期两个处理降雨储蓄率分别比对照高出 6.5 和 7.4 个百分点，冬小麦产量分别高 17.78% 和 16.1%。这些研究结果比较一致，都认为保护性耕作有涵养水分的作用。秦红灵等（2005）针对农牧交错地区农田不同耕作方式对水分环境的影响过程和规律进行了研究，结果表明免耕地土壤贮水能力大于翻耕地。郑文杰（2006）通过自制土壤冲蚀槽，并进行人工模拟降雨试验，研究了稻秆编织地表覆盖物对坡地土壤侵蚀和小麦产量的影响。结果表明，在坡度为 27°、降雨强度为 0.5～0.8mm/min、小麦整个生育期降水量为 672mm 的条件下，与无秸秆覆盖等高种植和顺坡种植相比，应用秸秆编织地表覆盖物减少地表径流量 28.36%～44.49% 和 25.26%～36.74%，减少土壤侵蚀 55.66%～85.44% 和 12.13%～47.43%，增加小麦产量 36.08% 和 27.95%。金轲等（2006）在模拟降雨和自然降雨条件下研究长期（6 年）定位耕作措施对豫西旱区坡耕地水分保持、土壤流失以及冬小麦产量的影响，结果表明在试验条件下，免耕秸秆覆盖处理未产生径流和土壤流失，水土保持效果最好，深松秸秆覆盖次之；在自然降雨条件下，免耕秸秆覆盖和深松秸秆覆盖的水土保持效果从第三年开始达到显著水平。唐涛等（2008）通过人工模拟降雨试验，研究秸秆不同用量对入渗、径流和土壤侵蚀的影响，结果表明秸秆覆盖能够增加入渗，在覆盖率大于 40％时，能够有效控制水土流失；在土壤含水率为 10％、降雨强度为 120mm/h 时，秸秆覆盖能够将地表径流的产生推迟 1～15min，累积入渗量增加 37％～113％，径流总量减少 3％～40％，土壤侵蚀减少 10％～80％。张晓艳（2008）对比传统耕作下春小麦与甘草间作、免耕无覆盖下春小麦与甘草间作、免耕秸秆覆盖下春小麦与甘草间作 3 个处理，防治水土流失的不同效果，免耕秸秆覆盖是控制水土流失的有效措施。陈光荣等（2009）通过在陇中黄土高原半干旱区的坡耕地上建立天然降雨径流小区，对粮草豆隔带种植保护性耕作防治水土流失效应进行定位研究，结果表明免耕秸秆覆盖可显著减少径流量和侵蚀量，且径流量、侵蚀量与降雨量的回归关系十分显著。国内外学者对坡地土壤侵蚀以及保护性耕作进行的研究取得了一定的进展，但定量分析秸秆覆盖种植作物和留茬高度对水土流失的影响研究尚需加强，对保护性耕作减少水土流失的机制研究还很薄弱。

2

研究内容与方法

本章旨在通过在钢槽径流小区上，利用人工模拟降雨方法模拟保护性耕作对坡地的水土流失及水土流失过程进行定量研究，分析不同作物类型、不同土壤类型、不同留茬高度、不同翻耕面积、不同种植密度以及秸秆覆盖量对在不同坡度坡地上的水土流失量及水土流失过程的影响，进一步揭示保护性耕作减少水土流失的机理，具体研究内容如下。

2.1 研究内容

2.1.1 秸秆覆盖对坡面土壤径流产生产沙的影响

在不同土壤类型的坡地上，开展不同秸秆覆盖量及留茬高度的试验，对比秸秆覆盖对土壤径流产生（以下简称产流）产沙过程及总量的影响，同时研究在玉米不同生育期减少水土流失的作用以及产流产沙特征。

2.1.2 小麦高留茬对坡面土壤产流产沙的影响

在不同坡度、不同土壤类型的土地上，通过对比小麦不同留茬高度、玉米留根茬、小麦高留茬与玉米根茬结合的方式对坡面的产流产沙过程以及产流产沙总量的影响，研究高留茬的水土保持效应。

2.1.3 耕翻面积对坡面产流产沙的影响

选取黄绵土、黑垆土和塿土 3 种土壤类型，通过不同耕翻面积处理，研究在不同坡度和雨强条件下对产流产沙量和产流产沙过程的影响。

2.1.4 高留茬时玉米不同种植密度对坡面产流产沙的影响

在小麦高留茬的坡地，研究不同玉米种植密度在不同生育期内的产流产沙过程和产流产沙特征。

2.1.5 谷子、小麦留茬类型和留茬高度对坡面产流产沙的影响

在不同坡度的谷子留茬地和小麦留茬地，研究不同留茬类型的耕作方式对坡面水土流失的影响。

2.2 试验材料

2.2.1 降雨系统

人工模拟降雨试验在黄土高原土壤侵蚀与旱地农业国家重点实验室降雨大厅进行，采用喷头高度为 16m 的侧喷式自动模拟降雨系统，雨滴降落终速可以达到天然降雨雨滴降落终速的 98％以上，降雨均匀度大于 80％。

2.2.2 试验土槽

试验所用土槽为长 2m、宽 0.5m 的坡度可调式钢槽，土壤填装厚度 30cm，坡度可调节范围为 0°～30°。土槽下端设有集流装置，用以采集径流和泥沙样品。

2.2.3 供试土壤

人工模拟降雨试验所用土壤为取自延安市的黄绵土、取自神木市的绵沙土、取自长武县的黑垆土和取自杨凌区的塿土，4 种土壤

的理化性质见表 2－1。

表 2－1　供试土壤的机械组成

土壤	机械组成（%）			容重（g/cm³）
	<0.001mm	0.001～0.05mm	>0.05mm	
黄绵土	13.9	45.4	40.7	1.31
绵沙土	9.5	17.6	72.9	1.38
塿土	25.7	69.4	4.9	1.25
黑垆土	23.2	70.1	6.7	1.30

2.2.4　供试作物

供试小麦品种为小偃 22，当年 10 月上旬播种，以 10cm 等行距条播，翌年 6 月收获，根据试验设计收获时留茬 5、10、15、20、25、30cm。

供试谷子，播种行距 12.5cm，穴距 5cm。谷子收获时留茬高度分别为 5、10、15cm。

供试玉米品种为中玉 9 号和郑单 958，设计不同种植密度试验。

小麦、谷子和玉米种植期间均施氮肥和磷肥，氮肥为纯 N 180kg/hm² （尿素，46% N），磷肥为纯 P 26.4kg/hm² （过磷酸钙，14% P_2O_5），管理同大田。覆盖用的小麦秸秆，切成长 10cm 左右，并充分晾晒后使用。

2.3　试验设计

2.3.1　秸秆覆盖和留茬试验设计

试验以相同秸秆用量为前提，探索水土保持效益较好的秸秆覆盖和留茬措施，前茬小麦收获时均预留立茬 30cm（约重 250g），具体试验设计见表 2－2。试验分为两组，一组探讨比较秸秆覆盖和留茬在不同土壤类型下的水土保持效应，供试土壤为黄绵土、黑垆土和塿土；另一组种植玉米，供试土壤为黄绵土，种植密度4 000株/亩，在玉米苗期、拔节期和抽穗期进行降雨，探讨比较秸秆覆盖和留茬的田间水土保持效应。试验目标雨强120mm/h，坡度3°。

同时设计黄绵土和绵沙土两种土类试验，每种土壤秸秆覆盖试验，覆盖量为5 000kg/hm²，降雨强度为120mm/h，坡度3°，研究秸秆覆盖在不同玉米生长期减少水土流失的效应以及产流产沙过程特征。

表2-2　不同覆盖留茬措施处理方法

处理	操作方法
对照	无覆盖、无留茬
留茬	留立茬30cm
覆盖	将预留的30cm立茬全部剪去，剪成10cm小节均匀覆盖于土槽中
低覆盖高留茬	将预留的30cm立茬剪去顶部10cm，并将剪去部分均匀覆盖于土槽中
高覆盖低留茬	将预留的30cm立茬剪去顶部20cm，并将剪去部分剪成10cm小节均匀覆盖于土槽中

2.3.2　耕翻不同面积试验设计

试验以耕翻面积为研究因子设不耕翻、耕翻面积为30%、耕翻面积为50%、耕翻面积为70%、全部耕翻5个处理，耕翻深度5cm，耕翻时均是由土槽中部向两端延伸。试验设90mm/h和120mm/h两个目标雨强，设5°、10°、15°三个坡度，供试土壤为黄绵土。

2.3.3　高留茬时玉米不同种植密度试验设计

前茬小麦收获时均留立茬30cm，然后种植玉米，种植密度分别为2 600株/亩、3 900株/亩、5 200株/亩、6 500株/亩、7 800

株/亩，对应到试验土槽中分别为 4 株/槽、6 株/槽、8 株/槽、10 株/槽、12 株/槽，于玉米苗期、拔节期和抽穗期进行人工降雨。试验供试土壤为娄土，目标雨强 120mm/h，坡度 3°。

2.3.4 不同坡度小麦高留茬试验设计

小麦收获时留茬高度 30cm，分别在 1°、3°、5°、10°、15°的坡度进行降雨试验，2 次重复，所用降雨强度为 120mm/h。研究在不同坡度耕地上，高留茬对产流产沙的影响。

2.3.5 谷子留茬试验设计

试验所用土壤为娄土，谷子收获后留茬高度为 5cm、10cm、15cm，试验坡度为 5°、10°、15°，研究不同留茬高度及不同坡度耕地上的水土保持效果。

2.3.6 不同种植方式覆盖量试验设计

秸秆覆盖试验分为两组，一组在无种植作物的土槽上进行秸秆覆盖，另一组在种植玉米的土槽上进行秸秆覆盖，秸秆覆盖量均设 0、1 000、2 000、3 000、4 000 和 5 000kg/hm² 六个水平，降雨前按照试验设计的覆盖量将秸秆均匀地覆盖在土槽上，所用的降雨强度为 120mm/h，坡度 10°，2 次重复。研究坡地种植作物时秸秆覆盖量对坡面产流产沙的影响和坡地无种植作物时秸秆覆盖量对坡面产流产沙的影响。

2.3.7 不同坡度时留茬高度试验设计

小麦收获时留茬高度分别为 5、10、15、20、25cm，每一个留茬高度分别在 1°、3°、5°、10°、15°的坡度进行降雨试验，所用降雨强度为 120mm/h。研究在不同坡度时，留茬高度对产流产沙的影响。

2.3.8 不同区域土壤不同覆盖量的试验设计

试验所用土壤为关中地区娄土、陕北地区的黄绵土和神木地区风蚀水蚀交错带的绵沙土 3 种，每种土壤秸秆覆盖试验，覆盖量分别为 0、1 000、2 000、3 000、4 000 和 5 000kg/hm²，降雨强度为 120mm/h，坡度 10°，研究不同区域土壤在不同覆盖量时减少水土流失的效应以及产流产沙过程特征。

2.4　数据采集方法

2.4.1　降雨试验准备

供试土壤娄土、黄绵土、绵沙土、黑垆土均先过 1cm×1cm 的粗筛，以 5cm 每层称重装土，控制相应的土壤容重和土壤初始含水量。土壤容重控制在 $1.2 \sim 1.4 \mathrm{g/cm^3}$，初始含水量均控制为 $10\% \sim 15\%$。填装上层土壤之前，需先刮毛下层土壤表面，便于不同土层更好地融合，以防土层之间出现分层现象，按此步骤填装 30cm。将土槽调整到试验设计的坡度，按照试验设计的覆盖量将秸秆均匀覆盖在每一个土槽上。

2.4.2　降雨中径流泥沙样采集

降雨前期进行降雨强度的设定，以确保降雨的强度和均匀度达到试验要求。坡面开始产流时，记录产流时间。径流泥沙样全部收集，从坡面产流开始，每间隔 3min 采集径流泥沙样 1 次，降雨持续 60min。降雨试验结束后，用量筒测量每一个径流泥沙样的体积，并用烘干法求得侵蚀产沙量。

2.4.3　测定项目及方法

径流量：量筒量取法。

产沙量：电子秤称重法。

土壤含水量：烘干法。

土壤容重：环刀法。

土壤机械组成：吸管法。

3

秸秆覆盖留茬协同措施对
水土保持效应的影响

　　保护性耕作的研究起因于土地退化导致的生态灾难,因此防治水土流失始终是保护性耕作研究的一个基本方向。坡耕地留茬是一种防止坡地水土流失的有效措施,一方面,作物留茬后其根部对土壤起固定作用,增强土壤的抗侵蚀能力;另一方面,留茬地上的作物叶片可以拦截一定量的降雨,而凋落的叶片在地表形成一层不易被降雨破坏的保护层,避免降雨对部分地面的直接击打,从而保护表层土壤的结构,增强土壤的入渗性及抗侵蚀性。本章通过研究不同覆盖量和留茬高度的协同效果,研究其对不同土壤类型及玉米不同生育时期水土保持的影响。

3.1　秸秆覆盖留茬协同措施对不同土壤类型产流产沙的影响

3.1.1　不同秸秆覆盖留茬措施对不同土壤类型地表径流的影响

3.1.1.1　不同秸秆覆盖留茬措施对不同土壤类型初始产流时间的影响

　　不同秸秆覆盖(以下简称覆盖)留茬措施地表径流的产生较无处理对照均有延后(图3-1),在不同土壤类型下均以秸秆低覆盖(以下简称低覆盖)高留茬最晚开始产流,其初始产流时间在黑垆土和黄绵土上较对照分别延长 2.65 倍和 2.21 倍,在塿土上则延长

1.33 倍，初始产流滞后幅度最大。秸秆覆盖在不同土壤类型下初始产流时间较无处理对照延长 0.96～2.53 倍，秸秆高覆盖（以下简称高覆盖）低留茬延长 0.19～2.31 倍，留茬在不同土壤类型下地表径流的产生均较快，但较无处理对照亦延长 0.15～1.95 倍。初始产流的滞后幅度在黑垆土和黄绵土上相差不大，均明显大于塿土，不同覆盖留茬措施初始产流的滞后幅度均在黑垆土上达到最大。可见秸秆覆盖和留茬能够有效延缓地表径流的产生，在土壤类型为黑垆土时表现最明显，在土壤类型为塿土时效果最弱。

同一土壤类型下，覆盖结合留茬的两种措施初始产流均晚于留茬，低覆盖高留茬在不同土壤类型下初始产流较留茬的滞后幅度平均为 51%，在塿土上达到最大，高覆盖低留茬滞后幅度平均为 5%；低覆盖高留茬在不同土壤类型下初始产流较覆盖亦均有延后，滞后幅度平均为 9%，高覆盖低留茬的初始产流较覆盖则均有提前，前移幅度平均为 20%，差异幅度均在塿土达到最大。可见同等秸秆覆盖量下，实行覆盖结合留茬对初始产流的延缓较实行单独留茬更为有效，且实行低覆盖高留茬的效果较实行单独覆盖亦略有增强，在土壤类型为塿土时表现最明显。

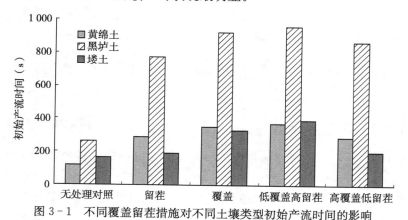

图 3-1　不同覆盖留茬措施对不同土壤类型初始产流时间的影响

3.1.1.2　不同覆盖留茬措施对不同土壤类型径流量的影响

不同土壤类型下，不同覆盖留茬措施的径流量较对照均有减少，但不同于初始产流的大幅延后，径流量的减少幅度相对较小（图 3-2）。不同土壤类型下均以低覆盖高留茬的径流量最少，在黑垆土和塿土上较对照分别减少 26% 和 25%，径流量减幅明显，在黄绵土上减幅为 10%。覆盖在不同土壤类型下的径流量较对照减少 7%～15%，高覆盖低留茬减少 1%～11%，减幅均在黄绵土上最小，在黑垆土上最大。留茬的径流量与对照几乎无差别，在黄绵土和塿土上减幅均不到 1%，在黑垆土上减幅为 3%，径流量无明显减少。可见秸秆覆盖和留茬对径流量有一定削减作用，但效果不是很明显，同一土壤类型下，低覆盖高留茬对径流量的削减幅度最大，留茬的减幅最小；同一覆盖留茬措施在黑垆土上对径流量的削减相对明显，在黄绵土上表现最差。

同一土壤类型下，覆盖结合留茬的径流量较留茬均有减少，低覆盖高留茬在不同类型土壤下的减幅平均为 19%，高覆盖低留茬平均为 5%，减幅均在黄绵土上最小，在黑垆土和塿土上相差不大；低覆盖高留茬的径流量较覆盖亦有减少，减幅平均为 12%，最大减幅出现在塿土上，高覆盖低留茬则较覆盖平均增加 4%，在不同土壤类型下增幅相差不大。可见同等秸秆覆盖量下，实行覆盖结合留茬的保水效应较实行单独留茬更为明显，实行低覆盖高留茬的保水作用较实行单独覆盖亦更为有效，在土壤类型为塿土时表现相对明显。

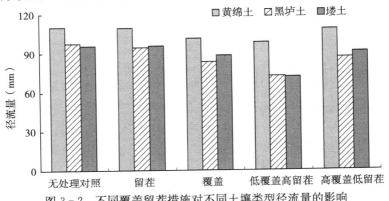

图 3-2 不同覆盖留茬措施对不同土壤类型径流量的影响

土壤类型不同时地表径流情况差异较大。同一覆盖留茬措施在黑垆土上的初始产流较黄绵土延后 1.57～1.98 倍，较娄土延后 1.45～3.34 倍，产流的滞后幅度均在高覆盖低留茬时最大，低覆盖高留茬时最小。可见同一覆盖留茬措施在黑垆土上地表径流的产生最慢，在娄土上最快，实行高覆盖低留茬时表现最明显，实行低覆盖高留茬时则相反。径流量的情况与初始产流一致，同一覆盖留茬措施在黑垆土上的径流量较黄绵土减少 14%～26%，较娄土减少 1%～6%。可见同一覆盖留茬措施在黑垆土上径流强度最小，在娄土上和黑垆土没有明显差别，在黄绵土上径流强度最大。

3.1.1.3 不同覆盖留茬措施对不同土壤类型产流过程的影响

不同土壤类型下产流率均呈先上升后平稳的趋势（图 3-3、图 3-4、图 3-5）。降雨初期土壤表层结构尚未稳定，入渗率不断下降，产流率急速上升，其后受雨滴击溅夯实和径流冲刷的影响，土壤表层结构趋于稳定，产流率亦不再大幅变化。不同土壤类型下产流率趋于稳定的过程历时不同，黄绵土上不同覆盖留茬措施在降雨初期的产流趋势基本一致，产流率持续上升 10min 左右后趋于稳定；在黑垆土和娄土上，留茬的产流率自初始产流开始持续上升 5min 左右即趋于稳定，覆盖、低覆盖高留茬和高覆盖低留茬在黑垆土上产流率持续上升过程历时 15min 左右，在娄土上则延长至 20min 左右。可见留茬的产流率稳定较快，覆盖、低覆盖高留茬和高覆盖低留茬稳定产流率的出现时间较之明显延后，在黑垆土和娄土上表现明显。这是因为覆盖、低覆盖高留茬和高覆盖低留茬时地表有不同程度的秸秆覆盖，减小了地表裸露程度，相比之下留茬在3°坡度下地表裸露面积较大，雨滴击溅相对剧烈，土壤表层结构在雨滴的击溅夯实下稳定较快，所以产流率亦较快趋于稳定。在黄绵土上，由于土质疏松，土壤结构不易稳定，地表裸露程度不再是影响降雨过程中土壤结构稳定快慢的主要因素，因此不同覆盖留茬措施产流率持续上升的过程无明显差异。

虽然秸秆覆盖和留茬条件下径流量较对照均有减少，但是不同覆盖留茬措施的稳定产流率并非全部低于对照。在黑垆土上，除低覆盖高留茬稳定产流率低于对照外，其他覆盖留茬措施的稳定产流率均高于对照，在塿土上则全部比对照高，这可能是因为秸秆覆盖和残茬覆盖能够对地表雨水形成拦蓄和阻隔，这一方面延缓了地表径流的产生，减弱了降雨初期的径流强度；但另一方面在上方来水量不变的条件下，增加了雨水在地表的累积量，所以当产流稳定时产流率相应较大。在黄绵土上由于土壤结构疏松，透水孔隙大，雨水入渗较快，在地表的累积量较小，因此不同覆盖留茬措施的稳定产流率和对照没有明显差距。模拟降雨试验在雨强、受雨面积、土层厚度及降雨持续时间等多方面与田间天然降雨过程存在较大差异，因此有关秸秆覆盖和留茬对径流强度的影响还需要进一步深入研究才能得出结论。

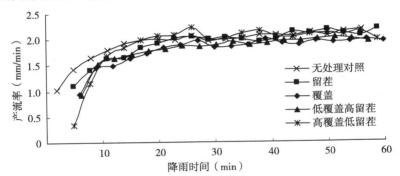

图 3-3　不同覆盖留茬措施对黄绵土产流率的影响

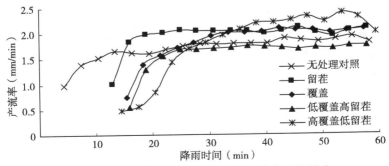

图 3-4　不同覆盖留茬措施对黑垆土产流率的影响

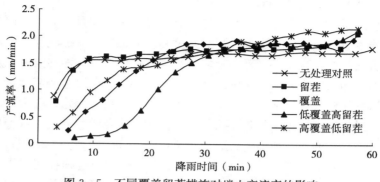

图 3-5　不同覆盖留茬措施对塿土产流率的影响

3.1.2　不同秸秆覆盖留茬措施对不同类型土壤侵蚀的影响

3.1.2.1　不同覆盖留茬措施对不同类型土壤产沙量的影响

　　土壤侵蚀造成的土地资源的损失和破坏是水土流失的主要危害，实行秸秆覆盖和留茬能够对地表形成保护，减弱雨滴对地表的溅蚀（Kaspar T C et al., 2001）。不同覆盖留茬措施的产沙量较对照均有大幅减少（图 3-6），覆盖的产沙量最少，在黑垆土上较对照减少 91%，在黄绵土和塿土上减幅均为 93%，在不同土壤类型上减幅没有明显差异。低覆盖高留茬和高覆盖低留茬的产沙量在黑垆土上较对照分别减少 87% 和 84%，在黄绵土上减幅分别为 91% 和 88%，在塿土上减幅分别为 92% 和 87%，虽然低覆盖高留茬的产沙量明显少于高覆盖低留茬，但二者在不同土壤类型下对产沙量的削减幅度相差不大。留茬的径流量虽较对照没有明显减少，但其产沙量在黑垆土上较对照减少 58%，在黄绵土上和塿土上减幅分别为 75% 和 71%，对产沙量也有大幅削减。可见秸秆覆盖和留茬能够有效减弱土壤侵蚀，同一土壤类型下以覆盖的效果最明显，留茬效果较弱；同一覆盖留茬措施在不同土壤类型下抑制土壤侵蚀的效果相差不大，在土壤类型为黄绵土和塿土时较黑垆土略为明显。

　　同一土壤类型下覆盖结合留茬的产沙量较覆盖均有增加，低覆

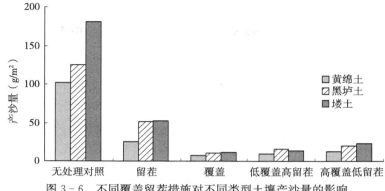

图 3-6　不同覆盖留茬措施对不同类型土壤产沙量的影响

盖高留茬在不同土壤类型下的增幅平均为 28％，高覆盖低留茬为 84％，增幅在黑垆土上相对较大，在黄绵土上较小；覆盖结合留茬的产沙量较留茬则有所减少，低覆盖高留茬在不同类型土壤下的减幅平均为 69％，高覆盖低留茬平均为 56％，最小减幅均出现在黄绵土上。可见，同等秸秆用量下，实行覆盖的保土效应较实行覆盖结合留茬明显，而实行覆盖结合留茬的保土作用则较实行留茬更为有效，在土壤类型为黑垆土时表现相对明显，在黄绵土上差异较小。

　　不同土壤类型下的土壤侵蚀情况存在差异。同一覆盖留茬措施在黄绵土上的产沙量较黑垆土减少 31％～51％，较娄土减少 34％～57％，减幅均在留茬时最大，在覆盖时最小。可见同一覆盖留茬措施下土壤类型为黄绵土时土壤侵蚀强度最弱，在黑垆土和娄土上土壤侵蚀明显加剧，不同类型土壤之间侵蚀情况的差异在留茬时表现最明显，在覆盖时则相反。

3.1.2.2　不同覆盖留茬措施对不同类型土壤对产沙过程的影响

　　不同土壤类型下的产沙趋势均表现为降雨初期产沙率经历短暂上升而后开始回落，并逐渐趋于稳定（图 3-7、图 3-8、图 3-9）。泥沙的产生主要来源于地表受雨滴击溅而产生的松散土壤颗粒，其主要动力是地表径流。自降雨开始，地表已经受到雨滴击溅而产生

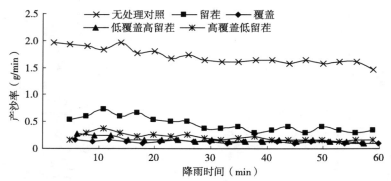

图 3-7 不同覆盖留茬措施对黄绵土产沙率的影响

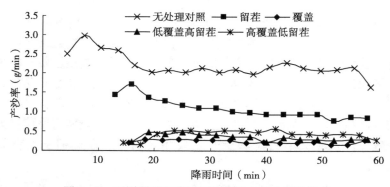

图 3-8 不同覆盖留茬措施对黑垆土产沙率的影响

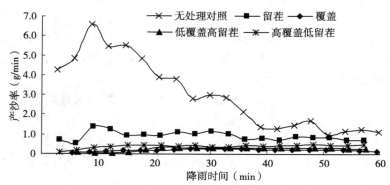

图 3-9 不同覆盖留茬措施对塿土产沙率的影响

松散土壤颗粒，但此时地表径流尚未形成，泥沙的运移缺少推动力，初始产流开始后，此前累积的松散土壤颗粒随地表径流流出形成产沙，因此降雨初期产沙率呈短暂上升趋势。覆盖、低覆盖高留茬和高覆盖低留茬的产沙趋势较为接近，不同土壤类型下降雨初期产沙率均无大幅上升，在其后的降雨过程中也一直较为平稳，留茬的产沙率起伏波动较大，这是因为留茬地表裸露面积相对较大，雨滴溅蚀强烈，地表松散泥沙颗粒较多。

不同覆盖留茬措施的稳定产沙率与其产沙量情况一致，产沙量最高的留茬稳定产沙率也最高，高覆盖低留茬、低覆盖高留茬和覆盖的稳定产沙率较为接近，在黑垆土上差异相对明显，在黄绵土和塿土上降雨中后期产沙趋势基本一致。同一覆盖留茬措施在不同土壤类型下的产沙趋势基本一致，说明在秸秆覆盖和残茬覆盖的条件下，影响产沙过程的主要因素是覆盖方式，土壤自身性质的影响不明显。

3.2 不同秸秆覆盖留茬措施对玉米不同生育期产流产沙的影响

3.2.1 不同秸秆覆盖留茬措施对玉米不同生育期地表径流的影响

3.2.1.1 不同覆盖留茬措施对玉米不同生育期初始产流时间的影响

种植玉米条件下，不同覆盖留茬措施的初始产流时间较对照均有延后（图 3 - 10）。玉米不同生育期均以低覆盖高留茬初始产流时间最晚，苗期较对照延后 67%，拔节期延长 1.36 倍，抽穗期延长 70%，产流滞后幅度在拔节期最大，在苗期和抽穗期相差不大。覆盖在玉米不同生育期的初始产流较对照延长 32%～96%，高覆盖低留茬延长 29%～64%，留茬延长 8%～52%，产流滞后幅度亦均在拔节期达到最大，苗期和抽穗期无明显差异。可见种植玉米条件下，小麦秸秆覆盖和留茬在玉米不同生育期均可有效延缓地表径流的产生，以低覆盖高留茬的效果最明显，在不同生育期均可大幅延后初始产流，留茬的效果相对较差。同一覆盖留茬措施对地表径流的抑制在拔节期表现相对明显，在苗期和抽穗期无明显差异。

玉米同一生育期内，覆盖结合留茬地表径流的产生均晚于留茬，低覆盖高留茬在玉米不同生育期内初始产流较留茬均延后55%，高覆盖低留茬在玉米不同生育期的初始产流较留茬的滞后幅度平均为16%；低覆盖高留茬在玉米不同生育期的初始产流较覆盖亦均有延后，产流滞后幅度平均为23%，高覆盖低留茬较覆盖则有提前，产流前移幅度平均为7%。可见同等秸秆用量下，实行覆盖结合留茬对地表径流的延缓效果较实行留茬明显，而与实行覆盖相比，低覆盖高留茬对初始产流的抑制亦更为有效，高覆盖低留茬则略有不及。

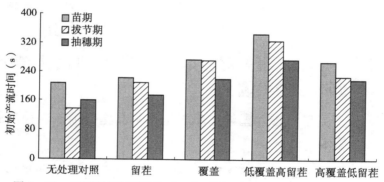

图 3-10　不同覆盖留茬措施对玉米不同生育期初始产流时间的影响

3.2.1.2　不同覆盖留茬措施对玉米不同生育期径流量的影响

径流量是衡量地表径流强度的主要指标，玉米不同生育期内不同覆盖留茬措施的径流量较无处理对照有不同程度的减少（图 3-11）。在玉米不同生育期低覆盖高留茬的径流量均最少，苗期较对照减少18%，拔节期和抽穗期均减少23%。覆盖在玉米苗期和拔节期的径流量均较对照减少16%，在抽穗期减少15%，不同生育期内减幅基本一致。高覆盖低留茬在不同生育期内的径流量较对照减少7%～14%，留茬较对照减少3%～9%，减幅均在拔节期最小，在苗期和抽穗期相差不大。可见玉米不同生育期内，秸秆覆盖和留茬均可减弱径流强度，低覆盖高留茬和覆盖效果相对明显，且在不同生育期内的表现相差不大，高覆盖低留茬和留茬在苗期和抽穗期对径流强度有小幅削弱，在拔节期则表现不明显。

　　同一玉米生育期内，覆盖结合留茬的径流量较留茬均有减少，较覆盖则表现不同。低覆盖高留茬在玉米不同生育期径流量较留茬的减少幅度平均为15%，较覆盖减幅平均为7%；高覆盖低留茬在玉米不同生育期径流量较留茬的减幅平均为6%，较覆盖的增加幅度则平均为5%。可见同等秸秆用量下，覆盖结合留茬的保水效应较留茬明显，低覆盖高留茬的保水效应较覆盖亦略有增强，高覆盖低留茬较覆盖则有所减弱。

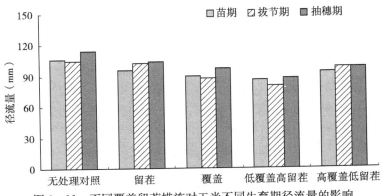

图 3-11　不同覆盖留茬措施对玉米不同生育期径流量的影响

　　玉米不同生育期内地表径流情况有所差异。同一覆盖留茬措施在苗期地表径流的产生普遍较晚，初始产流较其在拔节期延后1%～18%，产流滞后幅度在高覆盖低留茬时最大，较其在抽穗期延后23%～27%，不同覆盖留茬措施的产流滞后幅度相差不大。可见随玉米生育期的推进，初始产流呈加快趋势，生育期由苗期推进的拔节期，除高覆盖低留茬产流明显加快外，其他覆盖留茬措施初始产流无明显变化；生育期由拔节期推进到抽穗期，不同覆盖留茬措施的初始产流均明显加快。随生育期的推进，不同覆盖留茬措施下径流量的变化趋势不同。生育期由苗期推进到拔节期，覆盖和低覆盖高留茬的径流量分别减少2％和7％，留茬和高覆盖低留茬的径流量分别增加6％和5％；生育期由拔节期推进到抽穗期，留茬、覆盖和低覆盖高留茬的径流量分别增加2％、10％和9％，高覆盖低留茬径流量增幅不到1％。可见在留茬和高覆盖低留茬下随玉米生育期的推进，径流量呈增加趋势，在抽穗期径流强度最大；覆盖和低覆盖高留茬下也是在抽穗期径流强度最大，在苗期和拔节期径流强度相差不大，拔节期略有减小。

3.2.1.3 不同覆盖留茬措施对玉米不同生育期产流过程的影响

玉米不同生育期的产流趋势大体相同，自初始产流开始，产流率经过一段时间的大幅上升后趋于稳定（图3-12、图3-13、图3-14）。不同生育期内产流率持续上升过程历时不同，苗期普遍在15min左右，拔节期缩短至10min左右，抽穗期产流率在初始产流开始后持续上升5min左右即趋于稳定。苗期产流率趋于稳定后起伏波动态势较为明显，拔节期和抽穗期则基本保持平稳。可见随着玉米生育期的推进，产流率的稳定时间逐渐提前，产流过程逐渐平稳，这可能是因为随着生育期的推进，玉米茎叶不断生长发育，对上方雨水的拦蓄作用不断增强，削弱了降雨强度，地表雨水的入渗过程加快，产流率的稳定也相应加快。不同覆盖留茬措施在降雨初期的产流趋势相较于对照在苗期差异较为明显，在拔节期和抽穗期基本一致，说明随玉米生育期的推进，玉米茎叶拦蓄降水的作用对初始产流的影响逐渐增强。

苗期和抽穗期内不同覆盖留茬措施的稳定产流率均明显低于对照，拔节期内留茬和高覆盖低留茬的稳定产流率和对照比较接近，在降雨中后期略低于对照，说明在种植玉米的条件下，秸秆覆盖和留茬能够有效降低稳定产流率，减弱径流强度，低覆盖高留茬效果最为明显，在玉米不同生育期稳定产流率均最小。覆盖、留茬和高覆盖低留茬的稳定产流率在苗期和抽穗期基本相同，在拔节期覆盖的稳定产流率明显较低。

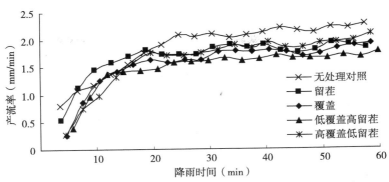

图 3-12　不同覆盖留茬措施对玉米苗期产流变化趋势的影响

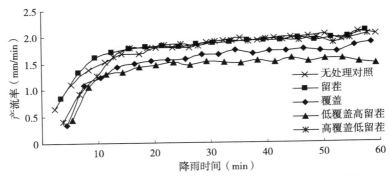

图 3-13　不同覆盖留茬措施对玉米拔节期产流变化趋势的影响

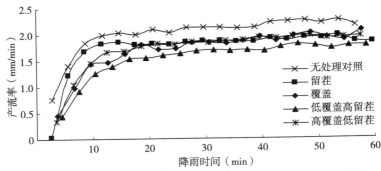

图 3-14　不同覆盖留茬措施对玉米抽穗期产流变化趋势的影响

3.2.2 不同秸秆覆盖留茬措施对玉米不同生育期土壤侵蚀的影响

3.2.2.1 不同覆盖留茬措施对玉米不同生育期产沙量的影响

雨滴溅蚀和径流冲蚀是造成土壤侵蚀的主要原因，秸秆覆盖和残茬覆盖可以对地表形成保护，防止雨滴溅蚀，同时可拦截径流携带的泥沙，减弱径流冲蚀。玉米不同生育期，不同覆盖留茬措施的产沙量均少于对照（图 3 - 15），以低覆盖高留茬产沙量最少，苗期较对照减少 63％，拔节期减少 73％，抽穗期减少 62％，减幅在拔节期最大，在苗期和抽穗期基本一致。高覆盖低留茬在玉米不同生育期的产沙量较对照减少 57％～67％，覆盖较对照减少 54％～63％，减幅同样在拔节期最大。留茬的产沙量相对较多，在玉米不同生育期的产沙量较对照减少 15％～25％，减幅下降明显。可见玉米不同生育期内，秸秆覆盖和留茬均可有效减弱土壤侵蚀，以低覆盖高留茬效果最明显，且同一覆盖留茬措施对土壤侵蚀的抑制在玉米拔节期表现最突出。

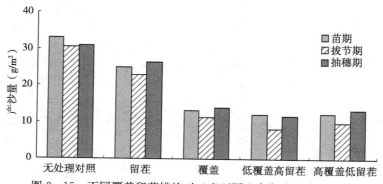

图 3 - 15　不同覆盖留茬措施对玉米不同生育期产沙量的影响

同一玉米生育期内，覆盖结合留茬的产沙量较单独覆盖或留茬均有减少。低覆盖高留茬在不同生育期内的产沙量较留茬减少 52％～64％，较覆盖减少 8％～26％；高覆盖低留茬在不同生育期内的产沙量较留茬减少 50％～57％，较覆盖减少 6％～12％。减幅均在拔节期最大，在苗期和抽穗期差异很小。可见同等秸秆用量下，玉米生育期内实行覆盖结合留茬的保土效应较单独实行覆盖或留茬明显，且在玉米拔节期表现较为突出。

玉米不同生育期的土壤侵蚀情况存在差异。同一覆盖留茬措施在拔节期内产沙量最少，较苗期减少 8%～31%，较抽穗期减少 13%～29%，减幅均在低覆盖高留茬时最大，在留茬时最小。可见种植玉米条件下，同一覆盖留茬措施下的土壤侵蚀强度在玉米拔节期最弱，在苗期和抽穗期均有所加剧；玉米生育期变化对土壤侵蚀的影响在实行低覆盖高留茬时表现最明显，在实行留茬时差异最小。

3.2.2.2 不同覆盖留茬措施对玉米不同生育期产沙过程的影响

玉米不同生育期内产沙率均是自初始产流开始持续上升而后出现回落并趋于稳定，总体呈略微下降的趋势（图 3-16、图 3-17、图 3-18）。降雨初期产沙率的上升也是由于初始产流开始前雨滴击溅产生的松散土壤颗粒在地表累积。在秸秆覆盖和留茬条件下，地表受到有效保护，雨滴溅蚀大幅减弱，初始产流开始前产生的泥沙颗粒累积量很小，所以不同覆盖留茬措施下的产沙率上升趋势不明显且持续时间较短。产沙过程相对于产流过程变化较为复杂，但就总体趋势而言，同一覆盖留茬措施在玉米不同生育期的产沙过程没有明显差异，说明在种植玉米的条件下，秸秆覆盖程度和留茬高度是影响产沙过程的主要因素，玉米生育期变化对产沙过程的影响相对较小。

不同覆盖留茬措施中以留茬和高覆盖低留茬产沙率的上升趋势比较明显，持续时间相对较长，且二者产沙率的起伏波动也较为剧烈。这是因为留茬虽然能够减弱雨滴动能，但 3°坡度下裸露地表面积较大，而高覆盖低留茬虽然增加了地表覆盖量，但残茬高度下降导致对雨滴动能的削弱不足，所以二者对地表的保护力度较覆盖和低覆盖高留茬有所不及，雨滴溅蚀相对强烈，产沙过程变化相应较为复杂。在玉米不同生育期，留茬的产沙率均明显高于覆盖、低覆盖高留茬和高覆盖低留茬，这与其产沙量情况一致。覆盖、低覆

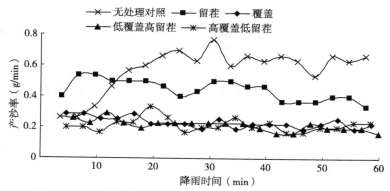

图 3-16　不同覆盖留茬措施对玉米苗期产沙变化趋势的影响

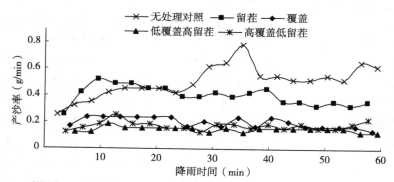

图 3-17　不同覆盖留茬措施对玉米拔节期产沙变化趋势的影响

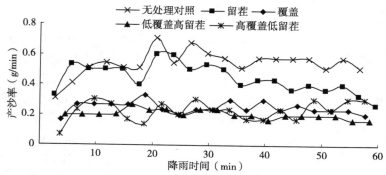

图 3-18　不同覆盖留茬措施对玉米抽穗期产沙变化趋势的影响

盖高留茬和高覆盖低留茬的稳定产沙率较为接近,在降雨前期产沙轨迹交错起伏,在降雨中后期,覆盖结合留茬的产沙率较覆盖略低。说明种植玉米条件下,覆盖与覆盖结合留茬的减沙作用相差不大,覆盖结合留茬略为明显。

3.3 小结

通过模拟降雨试验,研究了不同覆盖留茬措施在黄绵土、黑垆土和娄土以及种植玉米条件下在玉米苗期、拔节期和抽穗期的减流减沙效应和对产流产沙过程的影响。结果表明:

(1)不同土壤类型下,不同覆盖留茬措施均可有效延缓初始产流,对径流量也有不同程度的削减,且在黑垆土上效果最明显,初始产流时间较对照平均延长 2.36 倍,径流量平均减少 18%。不同土壤类型下均以低覆盖高留茬最晚产流,初始产流较对照平均延长 2.06 倍,径流量最少,较对照平均减少 20%。不同覆盖留茬措施均可大幅减少产沙量,在不同土壤类型下效果相差不大,覆盖效果相对明显,其产沙量较对照平均减少 92%。

(2)种植玉米的条件下,不同覆盖留茬措施在玉米苗期、拔节期和抽穗期均可延缓地表径流产生,减少产流产沙量。低覆盖高留茬在玉米各生育期均最晚产流,径流量和泥沙量也最少,相较于对照初始产流滞后幅度平均为 91%,径流量和产沙量减幅分别平均为 21% 和 66%,水土保持效益最明显。

(3)不同土壤类型下和玉米不同生育期产流趋势大体都是在降雨初期持续上升而后趋于平稳,产沙率则是呈先上升后回落的趋势。不同覆盖留茬措施在黑垆土和娄土上的稳定产流率基本高于无处理对照,对径流强度无明显减弱,在黄绵土上对径流强度有所减弱。种植玉米的条件下,在玉米不同生育期,不同覆盖留茬措施的稳定产流率均低于对照,能够有效减弱径流强度。不同覆盖留茬措施的产沙率在不同土壤类型和玉米不同生育期均明显低于对照,可有效降低产沙率。

（4）同等秸秆用量下，实行覆盖结合留茬在不同土壤类型下和玉米不同生育期的水土保持效应均好于单独实行留茬，与单独覆盖相比表现有所不同。低覆盖高留茬在不同土壤类型下的保水效应较覆盖明显，但保土效应略有不及，高覆盖低留茬的保水保土效应均不及覆盖；在玉米不同生育期，低覆盖高留茬的减流减沙效果均好于覆盖，高覆盖低留茬的减流效果不及覆盖，减沙效果则较覆盖略为明显。

耕翻面积对水土流失的影响

免耕是保护性耕作的基础和主要内容，相对于传统耕翻，免耕消除了对土壤的人为扰动和机械压实，有利于土壤结构的稳步发育，使土壤具有良好的物理结构及适宜的土壤团聚度，且能够较好地贮藏和释放养分，从而提高土壤的保水保土性能。但是也有报道表明，连年免耕会造成土壤紧实化和地温降低（陈素英等，2002），出现土壤容重增大的情况（Domzal H et al.，1987；李昱等，2004），不利于根系发育，且影响播种质量和出苗率，同时造成杂草和病虫害的加剧（Matt L et al.，2001）。如张克诚（2006）研究表明，免耕直播玉米田杂草出草时间早于耕翻田，马唐、稗草、田旋花、反枝苋等在玉米出苗的同时就已出草，杂草的生物量比耕翻田明显增大，给农业生产带来负面影响，甚至造成减产（Cornish P et al.，1987；Oussible M et al.，1992）。谢瑞芝等（2007）收集整理中国保护性耕作研究的相关论文，发现其中10.92%的数据显示保护性耕作下作物出现减产，涉及不同地域和不同作物种类。传统耕翻相较于免耕更有利于控制多年生杂草，打断一些害虫的生活史并掩埋病原物（Noel D et al.，1998）。可见每种耕作措施都有其特有的功能，免耕也有非保护性的一面，耕翻也有保护性的一面，可持续农业的发展需要综合考量耕作措施的生产效益和生态效益。为此本章就不同雨强、不同坡度下耕翻不同面积对产流产沙的影响进行对比分析，探讨不同耕翻面积下水土流失情况的差异。

4.1 耕翻不同面积对地表径流的影响

4.1.1 耕翻不同面积对初始产流时间的影响

在相同雨强和坡度下，地表径流的产生随耕翻面积的增加而减缓，耕翻面积越大，初始产流时间出现越晚（图 4-1），免耕时初始产流发生的时间最早。雨强为 90mm/h 时，不同坡度下随耕翻面积的增加，初始产流发生的时间较免耕的滞后幅度在耕翻 30%时平均为 22%，在耕翻 50%时平均为 67%，在耕翻 70%时平均为 93%，在全耕时平均为 4.53 倍；雨强为 120mm/h 时，不同坡度下随耕翻面积的增加，初始产流时间较免耕的滞后幅度在耕翻 30%时平均为 26%，在耕翻 50%时平均为 66%，在耕翻 70%时平均为 1.61 倍，在全耕时平均为 4.82 倍。可见耕翻相较于免耕能够推迟地表径流的产生，这可能是因为耕翻产生的土块加大了入渗面，在降雨初期雨水的入渗量增加，在地表的汇集成流就相应延后，耕翻面积越大，入渗面越大，初始产流出现的时间相应越晚。

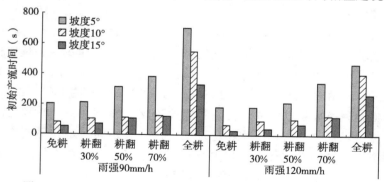

图 4-1 不同雨强和坡度下不同耕翻面积对初始产流时间的影响

雨强为 90mm/h 时，耕翻面积由 0 增加到 30%，不同坡度下初始产流发生时间的滞后幅度平均为 26%，耕翻面积由 30%增加到 50%时平均为 36%，耕翻面积由 50%增加到 70%时滞后幅度平均为 16%，耕翻面积由 70%增加到 100%时滞后幅度平均为 1.97

倍；雨强为 120mm/h 时，耕翻面积由 0 增加到 30%，不同坡度下初始产流发生时间的滞后幅度平均为 26%，耕翻面积由 30% 增加到 50% 时滞后幅度平均为 30%，耕翻面积由 50% 增加到 70% 时滞后幅度平均为 53%，耕翻面积由 70% 增加到 100% 时滞后幅度平均为 1.26 倍。可见在相同雨强和坡度条件下，耕翻面积在 70% 以下时，随耕翻面积的递增，初始产流的变化不是很明显，耕翻面积由 70% 增加到 100% 时，初始产流出现明显延后。说明相同雨强和坡度下，耕翻面积小于 70% 时，耕翻对初始产流的影响相对较小，耕翻面积在 70% 以上时，耕翻能够大幅延缓地表径流的产生。

　　雨强和耕翻面积相同时，随坡度的增大地表径流的产生加快（图 4-2）。坡度由 5° 增大到 10°，同一耕翻面积在不同雨强下初始产流的前移幅度在免耕时平均为 61%，耕翻 30% 时前移幅度平均为 51%，耕翻 50% 时前移幅度平均为 58%，耕翻 70% 时前移幅度平均为 65%，全耕时前移幅度平均为 18%；坡度由 10° 增大到 15°，不同雨强下初始产流的前移幅度在免耕时平均为 40%，耕翻 30% 时前移幅度平均为 42%，耕翻 50% 时前移幅度平均为 17%，耕翻 70% 时前移幅度平均为 3%，全耕时前移幅度平均为 37%。可见耕翻面积在 70% 及以下时，坡度由 5° 增大到 10°，初始产流明显加快，坡度由 10° 增大到 15°，耕翻 70% 的初始产流几乎没有变化，免耕、耕翻 30% 和耕翻 50% 的初始产流继续加快，但产流前移幅度明显下降。全耕时坡度越大，产流加快的趋势越发明显，坡度由 10° 增大到 15° 时初始产流的变化幅度较坡度由 5° 增大到 10° 时更大。

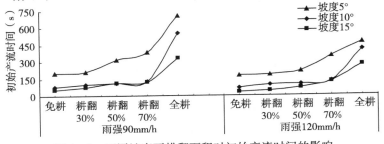

图 4-2　不同坡度下耕翻面积对初始产流时间的影响

　　相同坡度和耕翻面积下，随雨强的增大地表径流的产生加快（图4-3）。雨强由90mm/h增大到120mm/h，同一耕翻面积在不同坡度下初始产流的前移幅度在免耕时平均为22%，耕翻30%时平均为21%，耕翻50%时平均为26%，耕翻70%时平均为4%，全耕时平均为26%。可见随雨强的增大，免耕、耕翻30%、耕翻50%和全耕初始产流均略有加快，在坡度为5°和15°时表现相对明显，耕翻70%的初始产流则基本没有变化。说明耕翻面积为70%时，雨强变化对初始产流的影响最小，在免耕、耕翻30%、耕翻50%和全耕时，雨强增大会造成初始产流的加快。雨强由90mm/h增加到120mm/h，坡度5°时不同耕翻面积下初始产流的前移幅度平均为19%，坡度10°时前移幅度平均为12%，坡度15°时前移幅度平均为28%。说明在坡度为15°时，雨强变化对初始产流的影响相对较为明显。

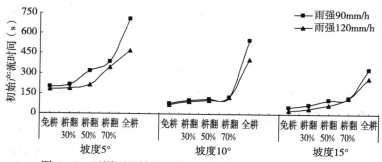

图4-3　不同雨强情况下耕翻面积对初始产流时间的影响

4.1.2　耕翻不同面积对径流量的影响

　　不同雨强下的径流量情况存在差异（图4-4）。雨强为90mm/h时，耕翻的径流量较免耕有不同程度的增加，同一耕翻面积在不同坡度下径流量的增幅在耕翻30%时平均为5%，在耕翻50%时平均为35%，在耕翻70%时平均为29%，在全耕时平均为14%，在坡度为15°时径流量的增幅达到最大。可见在雨强为90mm/h时，随耕翻面积的增加，径流量呈先增多后减少的趋势（图4-5），耕翻50%时径流量最多。雨强为120mm/h时，耕翻30%的径流量在不同坡度下较免耕均有减少，减幅平均为 3%，在坡度为 5°时达到最大；耕翻 70%的径流量在坡度为 5°和 10°时较免耕分别减少 9%和 3%，在坡度为 15°时则增加 17%；耕翻 50%和全耕的径流量在不同坡度下较免耕均有增加，耕翻 50%的增幅平均为 16%，全耕的增幅平均为 11%，且增幅随坡度的增加而增大，在坡度为 15°时，径流量增加最明显。可见在雨强为 120mm/h 时，同样以耕翻50%时径流量最多，耕翻 30%和耕翻 70%可小幅削减径流量。综上可知，耕翻对径流量的影响相较于初始产流而言表现不是很明显，而且因雨强和坡度的不同而较为复杂，总体而言，耕翻 30%时径流量较免耕没有明显变化，耕翻 50%时径流量较免耕增加相对明显，随坡度的增大，耕翻和免耕之间径流量的差异趋于明显，而随雨强的增大，耕翻和免耕之间径流量的差异趋于减小（图 4-6）。

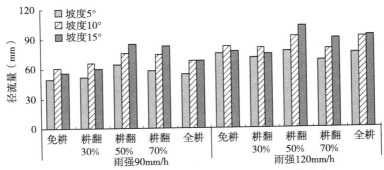

图 4-4　不同雨强和坡度耕翻面积对径流量的影响

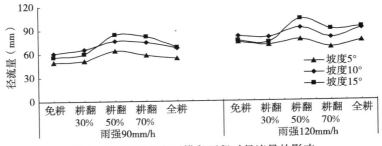

图 4-5　不同坡度下耕翻面积对径流量的影响

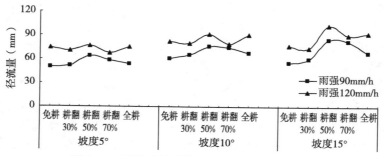

图 4-6　不同雨强下耕翻面积对径流量的影响

　　雨强和耕翻面积相同时，随坡度的增加径流量的变化趋势不同。坡度由 5°增大到 10°，径流量均有增加，同一耕翻面积在不同雨强下径流量的增幅在免耕时平均为 16%，在耕翻 30% 时平均为 20%，在耕翻 50% 时平均为 18%，在耕翻 70% 时平均为 22%，在全耕时平均为 23%。坡度由 10°增大到 15°，免耕和耕翻 30% 的径流量出现减少，免耕在不同雨强下径流量的减幅平均为 8%，耕翻 30% 时减幅平均为 9%；耕翻 50%、耕翻 70% 和全耕的径流量继续增加，但增幅出现下降，耕翻 50% 在不同雨强下径流量的增幅平均为 11%，耕翻 70% 时增幅也是平均为 11%，全耕时增幅平均不到 2%。可见在免耕和耕翻 30% 时，随坡度的增大径流量呈先增多后减少的趋势，在坡度由 5°增大到 10°时变化幅度较大；在耕翻 50%、耕翻 70% 和全耕时，随坡度的增大径流量持续增加，在坡度由 5°增大到 10°时径流量增幅较大。说明坡度变化对径流量的影响随坡度的增大而趋于减小，在坡度由 5°增大到 10°时径流量变化明显，且不同耕翻面积下的表现没有明显差异。

　　坡度和耕翻面积相同时，随雨强的增大径流量增多。雨强由 90mm/h 增大到 120mm/h，同一耕翻面积在不同坡度下径流量的增幅在免耕时平均为 40%，在耕翻 30% 时平均为 28%，在耕翻 50% 时平均为 21%，在耕翻 70% 时平均为 10%，在全耕时平均为 36%。可见耕翻面积在 70% 及以下时，耕翻面积越大，雨强增大引起径流量的增幅越小，全耕时增幅又变大。说明雨强变化对径流量的影响在免耕和全耕时表现较为明显，在耕翻 70％ 时影响最小。雨强由 90mm/h 增大到 120mm/h，坡度为 5°时不同耕翻面积下径流量的增幅平均为 32％，坡度 10°时增幅平均为 23％，坡度 15°时增幅平均为 25％。可见在坡度为 5°时，随雨强增大径流量的增加幅度相对较大。说明雨强变化对径流量的影响在坡度为 5°时表现较为明显，在坡度为 10°和 15°时相差不大。

4.1.3 耕翻不同面积对产流过程的影响

雨强为 90mm/h 时，不同坡度下的产流趋势大体相同（图 4-7、图 4-8、图 4-9）。产流率在降雨初期持续上升而后趋于稳定。不同耕翻面积下产流率在初始产流开始后持续上升的历时存在差异。不同坡度下均以免耕的产流率稳定最快，自产流开始后持续上升 5min 左右即趋于稳定，耕翻 30％ 和耕翻 50％ 的产流率都是在产流开始后 10min 左右趋于稳定，耕翻 70％ 和全耕则都是在产流开始后 15min 左右趋于稳定，可见随耕翻面积的增加，产流率趋于稳定的历时延长。这可能是因为耕翻扰动土壤，对土壤表层结构造成破坏，降雨过程中土壤结构不易趋于稳定，而相同雨强下产流率主要受土壤表层结构影响，所以耕翻面积越大，产流率趋于稳定越慢。

不同坡度下免耕和耕翻 30％ 的稳定产流率均明显较低，在坡度为 5°时二者的稳定产流率相差不大，均为 0.9mm/min 左右，在坡度为 10°和 15°时，耕翻 30％ 的稳定产流率均较免耕增加约 0.1mm/min。耕翻 50％、耕翻 70％ 和全耕稳定产流率间的差异在不同坡度下表现不同，在坡度为 5°时三者稳定产流率无明显差异，全耕略小；坡度为 10°时，随耕翻面积的增加稳定产流率增大；坡度为 15°时，全耕的稳定产流率明显低于耕翻 50％ 和耕翻 70％，后两者则基本相同。耕翻 50％ 在不同坡度下的稳定产流率平均约为 1.36mm/min，耕翻 70％ 约为 1.38mm/min，全耕约为 1.32mm/min，可见耕翻面积大于 50％ 时，随耕翻面积的增加稳定产流率的总体趋势相差不大，耕翻 70％ 的稳定产流最快，全耕最慢。

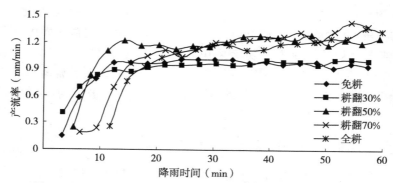

图 4-7 坡度 5°时 90mm/h 雨强不同耕翻面积的产流变化趋势

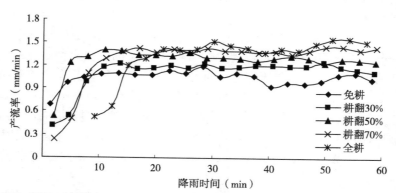

图 4-8 坡度 10°时 90mm/h 雨强不同耕翻面积的产流变化趋势

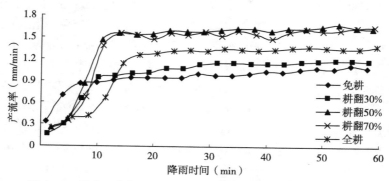

图 4-9 坡度 15°时 90mm/h 雨强不同耕翻面积的产流变化趋势

雨强为 120mm/h 时，坡度 5°下免耕、耕翻 30％、耕翻 50％的产流趋势较为一致（图 4 - 10、图 4 - 11、图 4 - 12），产流率均持续 10min 左右后趋于稳定，耕翻 70％和全耕产流率趋于稳定的过程历时 15min 左右；坡度 10°和 15°时，不同耕翻面积下产流率均是在初始产流开始后持续上升 10min 左右趋于稳定。可见雨强变化对产流率趋于稳定的时间影响较大，雨强由 90mm/h 增大到 120mm/h 时，降雨初期因耕翻面积不同造成的产流率变化趋势的差异随雨强的增大而受到削弱。这是因为 120mm/h 雨强下，降雨强度大，雨滴对地表的击溅夯实作用剧烈，因耕翻面积不同而产生的土壤表层结构的差异消减较快，对降雨初期产流率的影响受到削弱。

雨强为 120mm/h 时同样以免耕和耕翻 30％的稳定产流率较低，二者的稳定产流率差异很小，与雨强为 90mm/h 不同的是，耕翻 30％在不同坡度下的稳定产流率均略低于免耕，在坡度为 10°时较坡度为 5°和 15°时表现略为明显。可见在 120mm/h 雨强下，耕翻面积为 30％时耕翻相较于免耕对径流强度有一定的减弱。耕翻面积大于 30％时，耕翻的稳定产流率较免耕有明显增大，且坡度越大差距越明显。耕翻 50％、耕翻 70％和全耕的稳定产流率较为接近，在坡度为 5°时没有明显差异，在坡度为 10°和 15°时耕翻 70％的稳定产流率略低于耕翻 50％和全耕，且在坡度为 15°时三者稳定产流率的差异最为明显。

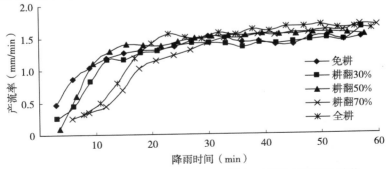

图 4 - 10　坡度 5°时 120mm/h 雨强下耕翻面积的产流变化趋势

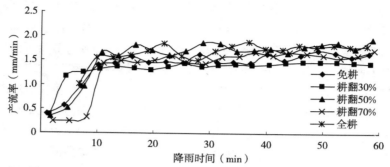

图 4-11　坡度 10°时 120mm/h 雨强下耕翻面积的产流变化趋势

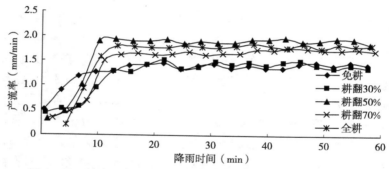

图 4-12　坡度 15°时 120mm/h 雨强下耕翻面积的产流变化趋势

4.2　耕翻不同面积对土壤侵蚀的影响

4.2.1　耕翻不同面积对产沙量的影响

　　相同雨强和坡度下，产沙量随耕翻面积的增加而持续增大，免耕的产沙量最少，全耕的产沙量最大（图 4-13），这与 Blevins（1990）长期试验研究结果一致。雨强为 90mm/h 时，不同坡度下随耕翻面积增加产沙量较免耕的增幅在耕翻 30％时平均为 1.37倍，在耕翻 50％时平均为 2.83 倍，在耕翻 70％时平均为 6.04 倍，在全耕时平均为 7.36 倍；雨强为 120mm/h 时，不同坡度下随耕翻面积的增加产沙量较免耕的增幅在耕翻 30％时平均为 1.81 倍，在耕翻 50％时平均为 3.54 倍，在耕翻 70％时平均为 5.3 倍，在全耕时平均为 7.39 倍。可见耕翻相较于免耕产沙量增加明显，且耕翻面积越大，产沙量增幅越大。耕翻面积在 70％以下时，耕翻的产沙量较免耕的增幅相对较小，耕翻面积为 70％时，产沙量出现明显增多。

　　雨强为 90mm/h 时，5°坡度下耕翻相较于免耕产沙量的增幅平均为 66％，10°坡度下增幅平均为 8.2 倍，15°坡度下增幅平均为 4.35 倍；雨强为 120mm/h 时，5°坡度下耕翻相较于免耕产沙量的增幅平均为 89％，10°坡度下增幅平均为 8.66 倍，15°坡度下增幅平均为 3.99 倍。可见在坡度为 10°时，耕翻的产沙量较免耕增幅最大，在坡度为 5°时增幅最小，说明耕翻和免耕之间产沙量的差异在坡度为 10°时表现最明显（图 4-13）。

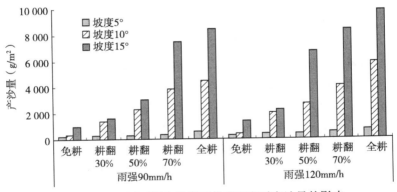

图 4-13　不同雨强和坡度下耕翻面积对产沙量的影响

　　相同雨强和耕翻面积下，随坡度的增加，产沙量呈上升趋势（图 4-14）。坡度由 5°增大到 10°，不同雨强下产沙量的增幅在免耕时平均为 44％，在耕翻 30％时平均为 4.18 倍，在耕翻 50％时平均为 6.15 倍，在耕翻 70％时平均为 8.19 倍，在全耕时平均为 7.37 倍；坡度由 10°增大到 15°，不同雨强下产沙量的增幅在免耕时平均为 2.27 倍，在耕翻 30％时平均为 13％，在耕翻 50％时平均为 91％，在耕翻 70％时平均为 100％，在全耕时平均为 78％。

可见坡度由 5°增大到 10°，免耕的产沙量增幅相对较小，耕翻的产沙量则均有大幅增加，坡度由 10°增大到 15°，免耕产沙量的增幅出现明显增大，而耕翻产沙量的增幅则出现大幅的下降。说明坡度变化对产沙量的影响在免耕时随坡度增大而趋于明显，在耕翻时随坡度增大而趋于减弱，在耕翻面积为 70％时坡度变化对产沙量的影响最明显。

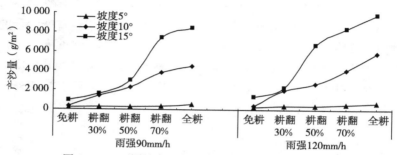

图 4-14　不同坡度下产沙量随耕翻面积的变化趋势

相同坡度和耕翻面积下，产沙量随雨强的增大而增大（图 4-15）。雨强由 90mm/h 上升到 120mm/h，不同坡度下产沙量的增幅在免耕时平均为 26％，在耕翻 30％时平均为 44％，在耕翻 50％时平均为 63％，在耕翻 70％时平均为 24％，全耕时平均为 21％。可见耕翻面积为 50％时，雨强变化对产沙量的影响最明显，以 50％为分界耕翻面积减小或增大，雨强变化对产沙量的影响均趋于减弱。

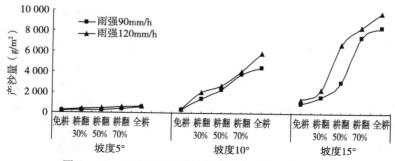

图 4-15　不同雨强下产沙量随耕翻面积的变化趋势

雨强由 90mm/h 上升到 120mm/h，坡度 5°时不同耕翻面积下产沙量的增幅平均为 38%，坡度 10°时产沙量的增幅平均为 23%，坡度 15°时产沙量的增幅平均为 47%。可见在坡度为 10°时，雨强变化对产沙量的影响最小，在坡度为 15°时雨强变化对产沙量影响最明显。

4.2.2 耕翻不同面积对产沙过程的影响

雨强为 90mm/h 时，免耕在不同坡度下的产沙率趋势均较为平稳，耕翻的产沙率在降雨初期多呈大幅上升的趋势，其后有不同程度的回落，在不同坡度下表现不一（图 4-16、图 4-17、图 4-18）。坡度为 5°时，耕翻 30%、耕翻 50% 和耕翻 70% 在降雨初期产沙率持续上升历时 10min 左右，全耕则历时 5min 左右，其后产沙率均出现回落，耕翻面积越大，产沙率的上升趋势和回落趋势均越明显。降雨中后期在产沙率相对稳定的情况下，5°坡度下耕翻 30%、耕翻 50% 和耕翻 70% 的产沙率相较于免耕差距不是很明显。坡度为 10°时，耕翻 30% 的产沙率持续上升的过程历时较长，但上升趋势缓慢，在降雨前期产沙率和免耕相差不大，在降雨中后期差距急剧增大；耕翻 50% 和耕翻 70% 的产沙率自初始产流开始经过 5min 左右的持续上升后开始回落，其后耕翻 50% 的产沙趋势较为平稳，在降雨中后期产沙率和耕翻 30% 基本相同，耕翻 70% 呈略微上升的趋势，全耕的产沙率则在持续上升 15min 左右后呈略微下降的趋势。坡度为 15°时，耕翻 30%、耕翻 50%、耕翻 70% 和全耕的产沙率在降雨初期均持续上升 10min 左右，耕翻 70% 和全耕的上升趋势极为明显，其后耕翻 30%、耕翻 50% 和耕翻 70% 的产沙率在出现微小的回落后基本保持稳定，全耕的产沙率则一直呈下降趋势。耕翻 30% 和耕翻 50% 的产沙率和免耕的差距相对较小，尤其是耕翻 30%，在降雨中后期产沙率与免耕基本一致；耕翻 70% 和全耕的产沙率在降雨前期相差较大，随降雨过程的推进差距不断减小。

雨强为 120mm/h 时，5°坡度下产沙率均是呈先上升后回落的

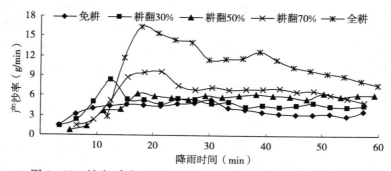

图 4-16 坡度 5°时 90mm/h 的雨强下耕翻面积对产沙率的影响

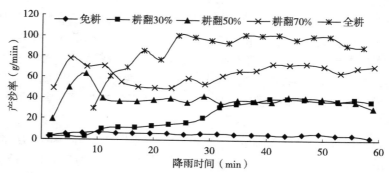

图 4-17 坡度 10°时 90mm/h 的雨强下耕翻面积对产沙率的影响

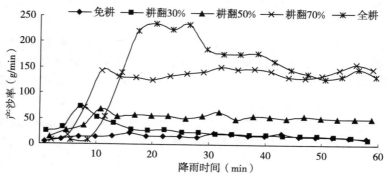

图 4-18 坡度 15°时 90mm/h 的雨强下耕翻面积对产沙率的影响

趋势（图 4 - 19），其中免耕和全耕产沙率的上升均历时 5min 左右，耕翻 30%、耕翻 50% 和耕翻 70% 均历时 10min 左右；免耕产沙率的上升幅度最小，但其回落趋势则较耕翻 30% 和耕翻 50% 明显，全耕和耕翻 70% 的上升趋势最明显，回落的幅度也最大，耕翻 30% 和耕翻 50% 的上升趋势较为一致。耕翻 30% 和耕翻 50% 的产沙率在整个降雨过程中均较为接近，二者与免耕之间的差距则随着降雨过程的推进有略微的增大；耕翻 70% 和全耕的产沙率在降雨中期较为接近，其后全耕的产沙率又出现一次大幅上升，二者之间差距急剧增大，在降雨的最后阶段又趋于减小。坡度为 10° 时，免耕、耕翻 30% 和耕翻 50% 的产沙率在降雨初期均持续上升 10min 左右，耕翻 70% 和全耕则均持续上升 5min 左右，上升幅度随耕翻面积的增加而增大（图 4 - 20）。坡度 10° 下随降雨过程的推进，免耕、耕翻 30%、耕翻 70% 和全耕的产沙率在经历持续上升后均呈现较为平稳的态势，总体趋势略微下降，耕翻 50% 的产沙率在经历持续上升后下降略为明显，但在降雨中后期又呈小幅上升趋势。坡度 10° 下，耕翻的产沙率均明显大于免耕。耕翻 30%、耕翻 50% 和耕翻 70% 的产沙率相对较为接近，在降雨中期耕翻 30% 和耕翻 50% 的产沙率基本相同，与耕翻 70% 的差距明显；在降雨后期，耕翻 50% 与耕翻 30% 之间的产沙率差距转而增大，与耕翻 70% 之间的差距逐渐缩小。坡度为 15° 时，耕翻 30% 与免耕的产沙趋势在降雨中前期几乎一致，在降雨后期免耕的产沙率呈略微下降趋势，二者的差距逐渐拉大；耕翻 50% 和耕翻 70% 的产沙率均持续上升 30min 左右，但上升趋势较为平缓，全耕产沙率的持续上升过程历时 15min 左右，上升趋势极为明显，其后耕翻 50% 和全耕的产沙率均有明显的回落，耕翻 70% 则基本保持平稳（图 4 - 21）。坡度 15° 下，耕翻 50%、耕翻 70% 和全耕的产沙率均明显大于免耕和耕翻 30%，耕翻 70% 和全耕的产沙率在降雨中后期较为接近，耕翻 50% 的产沙率在降雨中期也与二者相差不大，但在降雨后期较二者有明显降低。

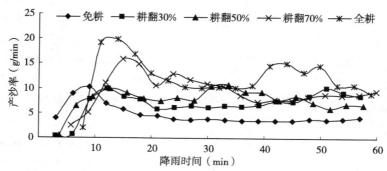

图 4-19　坡度 5°时 120mm/h 的雨强下耕翻面积对产沙率的影响

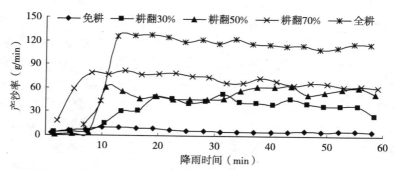

图 4-20　坡度 10°时 120mm/h 的雨强下耕翻面积对产沙率的影响

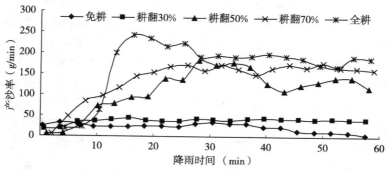

图 4-21　坡度 15°时 120mm/h 的雨强下耕翻面积对产沙率的影响

4.3 小结

通过模拟降雨试验，研究比较了不同耕翻面积下，在坡度为 5°、10°、15°和雨强为 90mm/h、120mm/h 时对产流产沙量和产流产沙过程的影响。结果表明：

（1）在相同雨强和坡度条件下，随耕翻面积的增加初始产流趋于延后。雨强为 90mm/h 时，不同耕翻面积在不同坡度下的初始产流时间相较于免耕延后 22％至 453％，雨强为 120mm/h 时平均延后 26％至 482％。耕翻面积低于 70％时，耕翻对初始产流的影响相对较小，全耕时耕翻对地表径流的影响强度最大，坡度为 15°和雨强为 120mm/h 时表现较为明显。

（2）在相同雨强和坡度条件下，雨强为 90mm/h 时，耕翻相较于免耕径流量均有增加，同一耕翻面积在不同坡度下的径流量较免耕增加 5％～35％，在耕翻面积为 50％时径流量的增加最明显。雨强为 120mm/h 时，耕翻 30％在不同坡度下径流量较免耕均有减少，减幅平均为 3％；耕翻 70％在坡度为 5°和 10°时径流量较免耕也有减少，减幅平均为 6％；在 15°坡度下则增加 17％。耕翻 50％的径流量较免耕增加最为明显，不同坡度下的增幅平均为 16％。

（3）相同雨强和坡度下，随耕翻面积的增加，产沙量呈持续上升趋势，90mm/h 雨强下同一耕翻面积在不同坡度下的产沙量相较于免耕增加 1.37～7.36 倍，120mm/h 雨强下增加 1.81～7.39 倍。坡度为 10°时，不同耕翻面积相较于免耕产沙量的增幅在 90mm/h 雨强下平均为 8.2 倍，在 120mm/h 雨强下平均为 8.66 倍，增幅均明显大于坡度为 5°和 15°时。耕翻面积在 70％以下时，耕翻的产沙量较免耕的增加趋势相对较缓，耕翻面积在 70％时，耕翻对产沙量的影响明显增大。

（4）雨强为 90mm/h 时，不同耕翻面积下产流率持续上升 5～15min 后趋于稳定，随耕翻面积的增大，产流率趋于稳定的历时延长。雨强为 120mm/h 时，不同耕翻面积在不同坡度下的产流率多在产流开始后 10min 左右趋于稳定。免耕和耕翻 30%的稳定产流率较为接近，90mm/h 雨强下免耕稳定产流率略低，120mm/h 雨强下耕翻 30%稳定产流率略低。耕翻 50%、耕翻 70%和全耕的稳定产流率较免耕和耕翻 30%增加比较明显，不同雨强和坡度下多以耕翻 50%的稳定产流率略大。

（5）不同耕翻面积下的产沙趋势随雨强和坡度不同变化较为复杂。免耕的产沙趋势最为稳定，在不同雨强和坡度下产沙率均最低。耕翻的产沙趋势在降雨初期经历 5～15min 的持续上升后出现不同程度的回落，产沙率多在持续上升 10min 后趋于稳定。在降雨中后期产沙率变化幅度相对稳定时，产沙率随耕翻面积的增加而增大，全耕的产沙率在不同雨强和坡度下均最大，耕翻 30%的产沙率和免耕差距相对较小。

（6）耕翻面积和雨强相同时，随坡度的增加，地表径流的产生加快，坡度由 5°增大到 10°，同一耕翻面积在不同雨强下初始产流时间的前移幅度为 18%～65%，坡度由 10°增大到 15°时为 3%～42%，坡度由 5°增大到 10°时初始产流时间的前移表现更明显。随坡度的增加，径流量的变化趋势略有不同。坡度由 5°增大到 10°，同一耕翻面积在不同雨强下的径流量增加 16%～23%；坡度由 10°增大到 15°免耕和耕翻 30%在不同雨强下的径流量都是平均减少 8%，耕翻 50%和耕翻 70%则都是平均增加 11%，全耕没有明显变化，增幅平均为 1%。随坡度的增加，产沙量呈持续上升趋势。坡度由 5°增大到 10°，同一耕翻面积在不同雨强下产沙量的增幅为 0.44～8.19 倍，坡度由 10°增大到 15°时增幅为 0.08～2.27 倍，随坡度的增大产沙量的上升趋势在减缓。

（7）耕翻面积和坡度相同时，雨强越大地表径流的产生越快，径流量和产沙量越多。雨强由 90mm/h 增大到 120mm/h，同一耕翻面积在不同坡度下初始产流的前移幅度为 4%～26%，径流量的增幅为 10%～40%，产沙量的增幅为 21%～63%，耕翻 70%时雨强变化对初始产流和径流量的影响最小，全耕时雨强变化对产沙量的影响最小。

5

玉米种植密度对水土流失的影响

黄土高原旱作农业区主要实行冬小麦—夏玉米的轮作制度，夏季小麦收获后多采取秸秆覆盖或残茬覆盖的保护性耕作技术措施，然后种植玉米。呼有贤和李立科（1998）研究表明，高留茬对于防止坡地水土流失具有明显的蓄水效果，可以使降雨下渗到 100cm 以下，保贮有效水量可达 108.8mm，是传统农业保蓄水量的 2.5～4.0 倍，同时又减少了雨水对地表的冲蚀，有效地抑制了水土流失。植被的垂直结构和形态结构也是影响土壤侵蚀的重要因素（张光辉和梁一民，1996；王晗生和刘国彬，1999）。玉米作为地表覆盖物，本身对于降雨过程具有一定的影响，其地上的茎叶部分可以拦蓄降水，减弱雨滴动能，地下根系也会直接影响土壤侵蚀过程。Gyssels 等（2002）研究表明，增加播种密度显著改变了沟蚀形态，土壤流失量大幅减少，且秧苗根系在植被生长早期对土壤侵蚀的控制作用更重要，根系密度和秧苗密度一样与侵蚀速率呈负指数关系（Gyssels G and Poesen J，2003）。种植密度的变化又会对玉米生长发育状况产生重要影响，进而直接影响产流产沙过程。杨国虎等（2006）研究表明，随种植密度的增加，玉米单株的叶面积、光合势和地上部干物质积累呈现下降趋势。吕丽华等（2008）研究表明，玉米在中低密度种植构建的冠层较合理，冠层的光合性能较高。可见玉米种植密度也是影响产流产沙的重要因素。为此，本章针对小麦高留茬时玉米不同种植密度下的产流产沙情况进行对比分析，探讨在减弱水土流失方面与小麦高留茬配合较好的玉米种植密度。

5.1 高留茬时玉米不同种植密度对地表径流的影响

5.1.1 玉米不同种植密度对初始产流的影响

在玉米不同生育期，随种植密度的增大，地表径流的产生均呈先延缓后加快的趋势，在种植密度为 5 200 株/亩时，初始产流发生最晚（图 5-1）。在苗期和抽穗期，地表径流均在种植密度为 2 600株/亩时产生最快，拔节期内则是在种植密度为 7 800 株/亩时产生最快。种植密度由 2 600 株/亩增加到 3 900 株/亩时，不同生育期内初始产流的滞后幅度平均为 36%；种植密度由 3 900 株/亩增加到 5 200 株/亩时，不同生育期内初始产流的滞后幅度平均为 48%。可见在种植密度低于 5 200 株/亩时，随种植密度的增加初始产流趋于延后，且产流延后的趋势随种植密度的增大而趋于明显。种植密度由 5 200 株/亩增加到 6 500 株/亩时，不同生育期内初始产流均有提前，平均前移幅度 15%；种植密度由 6 500 株/亩增加到7 800株/亩时，不同生育期内初始产流的前移幅度平均为29%。可见在种植密度大于 5 200 株/亩时，随种植密度的增加产流加快，且产流加快的趋势随种植密度的增大而趋于明显。种植密度为6 500株/亩时地表径流的产生虽较 5 200 亩/时有所加快，但较3 900株/亩时有减缓，在苗期初始产流的延后幅度为 38%，拔节期和抽穗期分别为 16% 和 21%。说明小麦高留茬下，玉米种植密度过高或过低均不利于抑制地表径流产生，种植密度为 5 200株/亩对地表径流的产生抑制效果最明显。

种植密度低于 5 200 株/亩时，随种植密度的增加，初始产流的延后幅度均在抽穗期达到最大，而种植密度由 5 200 株/亩增加到 6 500 株/亩时，初始产流的前移幅度随生育期的推进而增大，也在抽穗期达到最大，种植密度由 6 500 株/亩增加到 7 800 株/亩时，不同生育期内初始产流的前移幅度相差不大。说明在玉米抽穗期种植密度对初始产流的影响最大，不同种植密度之间初始产流的差异最明显。

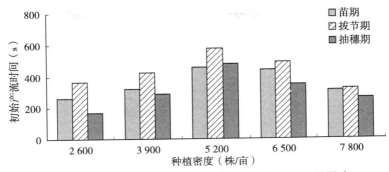

图 5-1　种植密度对玉米不同生育期初始产流时间的影响

　　不同种植密度下，随玉米生育期的推进初始产流的变化趋势较为一致。除 5 200 株/亩在苗期的初始产流略早于其在抽穗期外，不同种植密度下地表径流的产生在苗期和拔节期均晚于抽穗期。生育期由苗期推进到拔节期时，2 600 株/亩种植密度下初始产流延后40%，3 900 株/亩下延后33%，5 200 株/亩下延后26%，6 500 株/亩下延后11%，7 800 株/亩下延后3%。可见随种植密度的增大，生育期由苗期推进到拔节期时初始产流的延后幅度呈下降趋势，说明种植密度越大，苗期和拔节期之间初始产流的差异越小。生育期由拔节期推进到抽穗期，2 600 株/亩种植密度下初始产流提前54%，3 900 株/亩下提前33%，5 200 株/亩下提前17%，6 500株/亩下提前30%，7 800 株/亩下提前19%。可见种植密度较低时，随种植密度的增大，生育期由拔节期推进到抽穗期时初始产流前移的幅度呈下降趋势，种植密度为 6 500 株/亩和 7 800 株/亩时，初始产流的前移幅度转而增大，但仍低于种植密度为 2 600 株/亩和 3 900 株/亩时。说明种植密度相同时，随种植密度的增大，生育期变化对初始产流的影响在减小，种植密度越大，不同生育期之间初始产流的差异越小。

5.1.2　玉米不同种植密度对径流量的影响

　　玉米不同生育期内，随种植密度递增，径流量均呈现先减小后增加的趋势，种植密度为 2 600 株/亩时径流量最大，种植密度为 5 200株/亩时径流量最小（图 5-2）。种植密度由 2 600 株/亩增大到 3 900 株/亩时，不同生育期内径流量的减幅平均为 8%；种植密度由 3 900 株/亩增大到 5 200 株/亩时，减幅平均为 7%。可见在种植密度小于 5 200 株/亩时，随种植密度的增大，径流量趋于小幅减少，且趋势较为稳定。种植密度由 5 200 株/亩增大到 6 500 株/亩时，不同生育期内径流量的增幅平均为 9%；种植密度由 6 500 株/亩增大到 7 800 株/亩时，径流量的增幅平均为 2%。可见在种植密度大于 5 200 株/亩时，随种植密度的增大，径流量趋于上升，但其上升趋势随种植密度的增大而趋于下降，在种植密度由 6 500 株/亩增大到 7 800 株/亩时，径流量几乎没有变化。在不同生育期，种植密度为 3 900 株/亩、6 500 株/亩和 7 800 株/亩的径流量之间相差不大，以 7 800 株/亩时略多。说明小麦高留茬下，玉米种植密度为 5 200 株/亩时地表径流强度较弱，种植密度过低时地表径流强度较大。

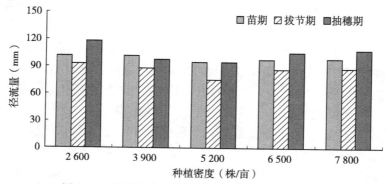

图 5-2　种植密度对玉米不同生育期径流量的影响

种植密度由 2 600 株/亩增大到 3 900 株/亩时，径流量的减幅随生育期的推进而增大，抽穗期减幅为 17%。种植密度由 3 900 株/亩增大到 5 200 株/亩时，最大减幅为 14%，出现在拔节期，而种植密度由 5 200 株/亩增加到 6 500 株/亩时，径流量的最大增幅也出现在拔节期，增幅为 14%。种植密度由 6 500 株/亩增加到

7 800株/亩时，不同生育期内径流量的增幅均极小。说明种植密度对径流量的影响在拔节期表现略为明显，不同种植密度之间径流量的差异在拔节期相对较大。

随生育期的推进，同一种植密度下径流量呈先减少后增加的趋势。生育期由苗期推进到拔节期，2 600 株/亩种植密度下径流量减少8％，3 900 株/亩种植密度下径流量减少13％，5 200 株/亩种植密度下径流量减少20％，种植密度为6 500 株/亩和7 800 株/亩时径流量的减幅均为11％，可见种植密度小于5 200 株/亩时，由苗期到拔节期径流量的减幅随种植密度的增大而呈上升趋势，在种植密度为5 200 株/亩时径流量的减少最明显；种植密度在5 200株/亩之上时，径流量的减幅转而下降。生育期由拔节期推进到抽穗期，2 600 株/亩种植密度下径流量增加27％，3 900 株/亩种植密度下径流量增加11％，5 200 株/亩种植密度下径流量增加25％，种植密度为6 500 株/亩和7 800 株/亩时径流量的增幅均为22％。可见生育期由拔节期推进到抽穗期，2 600 株/亩和5 200 株/亩种植密度下径流量增加最明显。说明生育期变化对径流量的影响在种植密度为5 200 株/亩时表现最明显，种植密度大于5 200 株/亩时，生育期变化对径流量的影响强度略有下降，但表现较为稳定。

5.1.3 玉米不同种植密度对产流过程的影响

同一生育期内，不同种植密度下的产流趋势基本一致，产流率在降雨初期持续上升后趋于平稳（图5－3、图5－4、图5－5）。苗期产流率持续上升的过程历时10min左右，拔节期和抽穗期均历时15min左右。苗期玉米茎叶发育不成熟，对降雨的拦蓄作用较弱，雨滴对地表的击溅夯实相对剧烈，土壤表层结构稳定快，产流率相应较快趋于稳定。在苗期和抽穗期，不同种植密度下的稳定产流率差距较小，在拔节期差距明显，这可能是因为苗期玉米茎叶发育不成熟，不同种植密度对产流过程的影响差异较小，拔节期玉米茎叶已发育到一定程度，不同种植密度下冠层结构差异明显，对产流过程的影响亦差别较大，而在抽穗期玉米茎叶基本发育完全，高

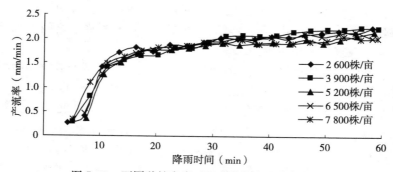

图 5-3　不同种植密度对玉米苗期产流率的影响

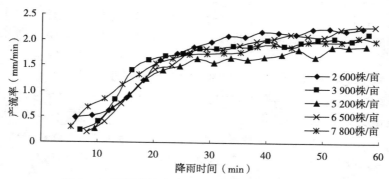

图 5-4　不同种植密度对玉米拔节期产流率的影响

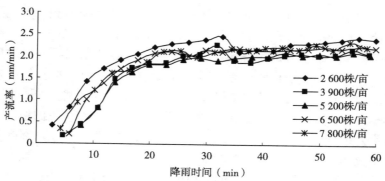

图 5-5　不同种植密度对玉米抽穗期产流率的影响

种植密度下植株过密，对养分和日光等形成竞争，单株发育情况较差，不同种植密度冠层结构性能之间的差异较拔节期反而有所缩小，对产流过程的影响差异相应减小。不同生育期内均在种植密度为 5 200 株/亩时稳定产流率最低。苗期低种植密度下的稳定产流率均较高种植密度略大，拔节期和抽穗期种植密度为 2 600 株/亩时的稳定产流率均最大。3 900 株/亩的稳定产流率较高种植密度下则略有减小。

5.2 高留茬时玉米不同种植密度对土壤侵蚀的影响

5.2.1 玉米不同种植密度对产沙量的影响

植被覆盖度增加能够拦截降雨，减弱降雨侵蚀力，研究表明只有在达到一定覆盖度和高度时，植被覆盖度才能有效减少降雨能量，减轻土壤侵蚀，植被过高其冠层汇集的雨滴能量更大，对地表的溅蚀更强（焦菊英等，2000；陈永宗，1989）。玉米不同生育期内，随种植密度的增加，产沙量总体呈先减小后增大的趋势（图 5-6）。各生育期内产沙量均在种植密度为 5 200 株/亩时最少。种植密度由 2 600 株/亩增加到 3 900 株/亩，不同生育期内产沙量均有减少，减幅平均为 4%；种植密度由 3 900 株/亩增加到 5 200 株/亩，不同生育期内产沙量亦均有减少，减幅平均为 15%；种植密度为 6 500 株/亩和 7 800 株/亩时不同生育期内的产沙量较种植密度为 2 600 株/亩时分别平均增加 30% 和 26%，较种植密度为 3 900 株/亩时分别平均增加 36% 和 31%，较种植密度为 5 200 株/亩时分别平均增加 61% 和 56%。可见在种植密度低于 5 200 株/亩时，随种植密度的增加产沙量趋于减少，且减少趋势随种植密度的增加趋于明显；种植密度大于 5 200 株/亩时，产沙量增加明显。说明高留茬下，玉米种植密度过高或过低均会增大土壤侵蚀强度，在种植密度为 5 200 株/亩时土壤侵蚀最弱。

种植密度由 2 600 株/亩增加到 3 900 株/亩时，不同生育期内产沙量的变化幅度均较小，随生育期的推进产沙量减幅略有上升。种植密度由 3 900 株/亩增加到 5 200 株/亩，产沙量的减少幅度在苗期最大，在拔节期和抽穗期基本一致，较苗期略有下降。种植密度由 5 300 株/亩增加到 6 500 株/亩，产沙量的增幅随生育期的推进而上升，抽穗期随种植密度变化产沙量的增加最明显。种植密度由 6 500 株/亩增加到 7 800 株/亩，不同生育期内产沙量的变化趋势不同，在苗期产沙量明显增加，抽穗期则明显减少。可见不同种植密度间产沙量的差异在抽穗期表现相对明显，说明小麦高留茬下，在玉米抽穗期种植密度对土壤侵蚀的影响最大。

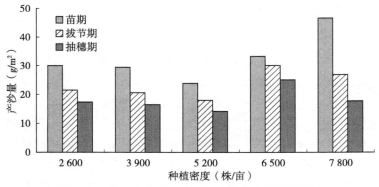

图 5-6　种植密度对玉米不同生育期产沙量的影响

　　相同种植密度下，随玉米生育期的推进，产沙量呈下降趋势。生育期由苗期推进到拔节期，种植密度为 2 600 株/亩时产沙量减少 28%，种植密度为 3 900 株/亩时产沙量减少 29%，种植密度为 5 200 株/亩时产沙量减少 24%，种植密度为 6 500 株/亩时产沙量减少 9%，种植密度为 7 800 株/亩时产沙量减少 42%；生育期由拔节期推进到抽穗期，种植密度为 2 600 株/亩时产沙量减少 19%，种植密度为 3 900 株/亩时产沙量减少 21%，种植密度为 5 200 株/亩时产沙量减少 22%，种植密度为 6 500 株/亩时产沙量减少 17%，种植密度为 7 800 株/亩时产沙量减少 34%。可见，在种植密度低于 5 200 株/亩时，随生育期的推进产沙量的减少幅度在不同种植密度下相差不大，在种植密度为 5 200 株/亩时不同生育期间产沙量的变化最为稳定；种植密度为 6 500 株/亩时，随生育期推进产沙量的变化幅度最小，种植密度为 7 800 株/亩时，随生育期推进产沙量的变化幅度最大。说明在种植密度为 6 500 株/亩时生育期变化对土壤侵蚀的影响最小，在种植密度为 7 800 株/亩时最大，种植密度在 5 200 株/亩以下时，生育期变化对土壤侵蚀的影响在不同种植密度之间相差不大，在种植密度为 5 200 株/亩时表现最稳定。

5.2.2 玉米不同种植密度对产沙过程的影响

玉米不同生育期的产沙趋势存在差异（图 5 - 7、图 5 - 8、图 5 - 9）。不同种植密度下的产沙率在降雨初期均呈持续上升趋势，苗期历时均在 5min 左右，拔节期产沙率持续上升的过程普遍延长至 15min 左右，抽穗期则又缩短至 10min 左右。产沙率持续上升的过程与土壤表层结构和玉米发育状况相关，不同生育期玉米的生长发育状况存在明显差异，且对土壤表层水分和孔隙物理性状的影响亦不同，因此产沙率持续上升的历时在不同生育期表现不一。在玉米苗期不同种植密度下的产沙率在经历持续上升后趋于回落，种植密度在 5 200 株/亩及以下时，回落趋势比较明显，种植密度在 5 200株/亩以上时回落幅度较小；在拔节期和抽穗期，种植密度在 5 200 株/亩及以下时产沙率的回落幅度有所减小，而种植密度在 5 200 株/亩以上时产沙率在上升到一个峰值后大体呈起伏波动的态势，没有明显的回落。不同生育期内均在种植密度为 5 200 株/亩时产沙率最小，种植密度为 2 600 株/亩和 3 900 株/亩时产沙率较为接近且较 5 200 株/亩时均有增大。在苗期和拔节期，6 500 株/亩和 7 800 株/亩的产沙率均明显大于种植密度在 5 200 株/亩及以下时，苗期 7 800 株/亩产沙率最大，拔节期则是 6 500 株/亩；抽穗期产沙率最大的种植密度也是 6 500 株/亩，而 7 800 株/亩的产沙率则和 5 200 株/亩以下较为接近。可见小麦高留茬时，玉米高种植密度下的产沙率较中低种植密度下有明显增加。

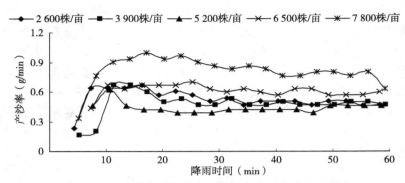

图 5-7　玉米苗期种植密度及降雨时间对产沙率的影响

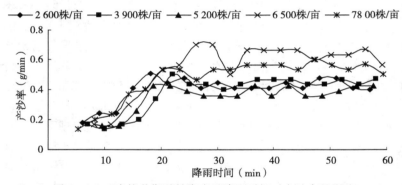

图 5-8　玉米拔节期种植密度及降雨时间对产沙率的影响

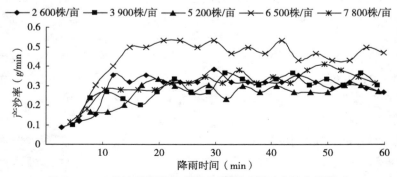

图 5-9　玉米抽穗期种植密度及降雨时间对产沙率的影响

5.3 小结

通过模拟降雨试验，研究比较了小麦高留茬下玉米不同种植密度在苗期、拔节期和抽穗期对产流产沙量和产流产沙过程的影响。结果表明：

（1）同一生育期内，随玉米种植密度的递增，初始产流先减慢后加快，在种植密度为 5 200 株/亩时，初始产流最晚。在种植密度低于 5 200 株/亩时，随种植密度递增初始产流分别平均延后 36％和 48％；种植密度高于 5 200 株/亩时，随种植密度的递增初始产流分别提前 15％和 29％。种植密度过高或过低均不利于抑制地表径流产生，在抽穗期不同种植密度之间初始产流的差异最明显。

（2）同一生育期内，随玉米种植密度的递增，径流量呈先减小后增加的趋势。在种植密度为 5 200 株/亩时径流量最少，2 600 株/亩时径流量最多。种植密度低于 5 200 株/亩时，随种植密度的递增径流量分别平均减少 8％和 7％；种植密度高于 5 200 株/亩时，随种植密度的递增径流量分别平均增加 9％和 2％。种植密度过高或过低均会造成径流强度的增大，种植密度对径流量的影响在拔节期表现相对明显。

（3）同一生育期内，随玉米种植密度的递增，产沙量呈先减少后增多的趋势，在种植密度为 5 200 株/亩时产沙量最少。种植密度低于 5 200 株/亩时，随种植密度的递增产沙量分别平均减少 4％和 15％；种植密度高于 5 200 株/亩时，产沙量有所增加，高种植密度下更易发生土壤侵蚀，种植密度对土壤侵蚀的影响在抽穗期表现最明显。

（4）相同种植密度下，生育期由苗期推进到拔节期，初始产流延后 3％～40％；生育期由拔节期推进到抽穗期，初始产流提前 17％～54％。随种植密度的增大，生育期变化对初始产流的影响逐渐减小，种植密度越大，不同生育期之间初始产流的差异越小。

（5）相同种植密度下，生育期由苗期推进到拔节期，径流量减少8%～20%；生育期由拔节期推进到抽穗期，径流量增加11%～27%。生育期变化对径流量的影响在种植密度为5 200株/亩时表现最明显。

（6）相同种植密度下，随生育期的推进，产沙量呈下降趋势。生育期由苗期推进到拔节期，产沙量减少9%～42%；生育期由拔节期推进到抽穗期，产沙量减少17%～34%。在种植密度为7 800株/亩时，生育期变化对土壤侵蚀的影响最大，种植密度在7 800株/亩以下时，生育期变化对土壤侵蚀的影响在不同种植密度之间相差不大。

6

留茬高度和坡度对
水土流失的影响

留茬高度和坡度对土壤流失有一定的影响，不同作物类型的水土保持效果存在差异。本章研究了谷子、小麦不同留茬高度及不同坡度的水土保持效果。

6.1 谷子留茬的水土保持效果

6.1.1 谷子留茬对坡地径流深的影响

6.1.1.1 不同高度谷子留茬对坡地径流深的影响

谷子收获后留茬可截留部分雨滴，降低雨滴到达土表时的动能，其根系在土壤中形成的通道能够加快雨水的入渗，而秸秆可以降低径流的流速，因此会减缓地表径流的产生以及径流流速。5cm留茬高度产流时间相对于对照延后 4s，10cm 茬高延后 11s，15cm茬高延后 13s，随着留茬高度的增加，径流产生时间有延后的趋势。可见谷子留茬可以延缓降雨条件下坡地上初始产流时间。

径流深是在某一时段内通过河流上指定断面的径流总量（W，以 m^3 计）除以该断面以上的流域面积（F，以 km^2 计）所得的值。它相当于该时段内平均分布于该面积上的水深（R，以 mm计），应用于降雨过程中可以通过径路深反映出小区产流总量与降雨总量的关系，径流深的表达式如下式：

$$R = W/1000F$$

同一坡度时，径流深随留茬高度的增加而降低（图 6-1），雨水降落到残茬上时，一部分随残茬流下，另一部分在击打到残茬后减速落到地表，雨滴的动能大大减少，此时的雨滴对地表的溅蚀作用减弱，减缓了土壤表层结皮的形成，相对于裸地，产流量减少；根系附近的土壤因为根系的伸展穿插，土壤相对疏松，结构良好，便于雨水的入渗，这样可以增加径流的初损量。5cm 茬高相对对照径流深减少 7.8%，10cm 茬高相对对照径流深减少 15.47%，15cm 茬高相对对照径流深减少 32.3%。5cm 茬高对径流深的减少效果并不显著，当留茬高度达到 10cm 以上时，减流效果达到显著水平。

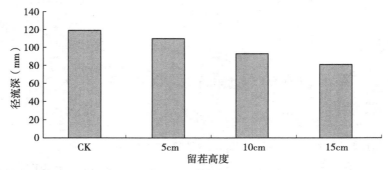

图 6-1　谷子留茬高度对径流深的影响

6.1.1.2　谷子留茬对不同坡度坡地径流深的影响

坡度为 5°时，留茬产流时间较裸地产流时间延迟 10s；坡度为 10°时，延迟 58s；坡度为 15°时，延迟 69s。可见，随着坡度的增加，留茬对产流时间的延迟效果越明显。说明，留茬在较高坡度上延迟产流时间的效果较低坡度效果明显。

留茬减少坡地径流深的效果如图 6-2 所示。坡度为 5°时，留茬相对裸地减少径流深 15.47%；坡度为 10°时，减少 1.97%；坡度为 15°时，减少 1.12%。坡度 5°时留茬减少径流幅度极显著高于 10°与 15°坡度的减幅。说明留茬减少坡面径流深的效果在坡度 5°时效果最佳，随着坡度的增加，留茬减少径流的效果并不明显。原因在于，坡度为 5°时，由于坡度较低，坡地上产生径流在沿坡面方向的重力分量小，因此流速较慢，而随着坡度的升高，重力分量加大，径流流速加快，留茬对径流的阻碍作用大幅减弱。

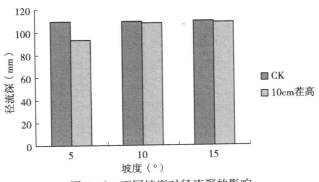

图 6-2　不同坡度对径流深的影响

6.1.2　谷子留茬对不同坡度产流过程的影响

留茬高度 10cm，坡度为 5°（图 6-3）和 15°（图 6-5）时，留茬产流量随降雨历时皆呈短时间内骤增，后缓慢增加并最终趋于稳定的变化规律。坡度为 5°时，留茬的产流量变化曲线与对照区产流量变化曲线基本平行，可见，坡度为 5°时，10cm 茬高的任一时刻产流量都低于对照区的产流量。坡度为 15°时，留茬的产流量变化曲线总体上在对照的径流曲线之下，只是在 20min 左右出现交叉的现象，但随后的产流量稳定阶段内，二者曲线基本呈平行状态。坡度为 10°时（图 6-4），产流量变化规律不同于 5°和 15°坡度的，自产流开始到降雨结束，产流量的变化幅度较小，并未出现较大变动，整个产流过程中，留茬的产流量变化曲线与对照区产流量变化曲线的互相交错，差异很小。

这表明留茬高度 10cm 对 5°坡度及 15°坡度坡地的产流过程影响较大，将各个时刻的产流量基本控制在比同时刻对照的产流量小的范围之内，能够通过影响每一时刻的产流量从而影响到整个产流过程进而减少坡面径流深的效果。而在坡度为 10°时，留茬控制产流量的作用并不明显，最终使得留茬覆盖10°坡地径流深与对照的差异并不显著。

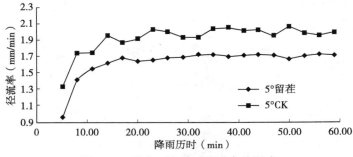

图 6-3　坡度 5°留茬对径流率的影响

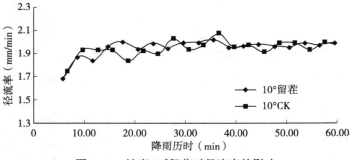

图 6-4　坡度 10°留茬对径流率的影响

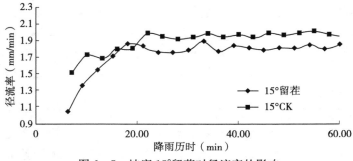

图 6-5　坡度 15°留茬对径流率的影响

6.1.3　谷子留茬对坡地产沙总量的影响

6.1.3.1　不同高度谷子留茬对坡地产沙总量的影响

坡度相同，累积产沙量随留茬高度的增长而降低（图 6 - 6），5cm 比未留茬累积产沙量减少 16.77%，10cm 比未留茬累积产沙量减少 19.29%，15cm 比未留茬累积产沙量减少 29.19%，谷子留茬可以显著减少土壤的侵蚀量，而且随着留茬高度的增高，留茬减少侵蚀的效果也越明显。通过对比分析不同留茬处理之间的产沙量，茬高 5cm 与茬高 10cm 产沙总量之间差异不显著，而茬高 15cm 产沙总量与茬高 5cm 及茬高 10cm 的产沙量差异极显著（$P<0.01$）。这说明，茬高 15cm 相对茬高 5cm 及茬高 10cm 的减少坡地侵蚀效果相对更加显著。原因在于，一方面，留茬的根部对土壤的保护作用，留茬的根部既可以固定土壤增强土壤的抗侵蚀能力，而且根部在土壤中穿插形成的土壤孔隙利于地表水分的下渗，增加土壤的入渗率；另一方面，留茬上的叶片对降雨起到拦截作用，减弱降雨对地表的击溅侵蚀，留茬高度越高，叶片越多，减弱击溅侵蚀的作用就越明显。

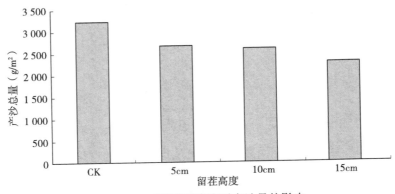

图 6 - 6　不同留茬高度对产沙量的影响

6.1.3.2　谷子留茬对不同坡度坡地产沙总量的影响

对于裸地而言，雨水对坡面的冲刷造成坡面的土壤侵蚀量随着坡度的增加而增加（图 6 - 7），在留茬处理下，随着坡度的增加，高坡度与低坡度之间侵蚀量的差异变小。坡度为 5°时，留茬相对裸地，产沙总量减少 16.78％；坡度为 10°时，减少 20.85％；坡度为 15°时，减少 22.08％。由此可见，随着坡度的增加，留茬减少坡面产沙总量的效应相应提高。这主要因为留茬对泥沙的阻碍作用。在对照区，随着降雨溅蚀及径流冲刷产生的泥沙在被径流携带迁移过程中阻力很小，所以产生的产沙量较大，而随着坡度的增高，径流流速增加，径流对泥沙的搬运能力增强，产沙量随着坡度的增加而增大。而留茬措施下，径流中泥沙在随径流迁移过程中，受到泥沙的阻碍，流速降低的同时，泥沙颗粒也被留茬拦截并有部分积聚在留茬的根部附近，难以被冲刷，所以在高坡度时，实施秸秆留茬可以起到较好的减沙效果。

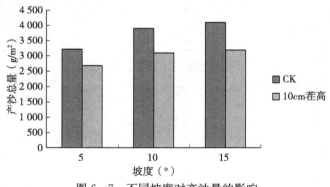

图 6 - 7 不同坡度对产沙量的影响

6.1.4 谷子不同留茬高度对产沙过程的影响

6.1.4.1 谷子留茬不同高度对 5°坡地产沙过程的影响

相同坡度条件下，不同留茬高度下径流的过程变化趋势大致相同，都是留茬高度低的先产流，留茬高度高的后产流，且留茬高度低的径流量大，留茬高度高的径流量小。在各个留茬高度条件下随降雨时间的延长，径流量总体上均呈现出增大的趋势，在开始产流后的 5～15min 内增加很快，以后逐步变缓，并基本趋向于稳定。随着降雨历时的延长，表层土壤含水量增大，地表土壤受雨滴打击作用及细颗粒物质填充土壤孔隙的影响，土壤入渗能力减小，径流量急速增大，持续到降雨 5～15min 以后，土壤含水量及土壤表面孔隙状况的变化率开始减小，土壤入渗率大体趋于稳定，产沙量的变化也趋于缓和。5cm 茬高稳定后平均产沙量为 49.46 g/（m² · min），比未留茬减少 9.0%；10cm 茬高稳定后平均产沙量为 44.10 g/（m² · min），比未留茬减少 19%，差异不明显。茬高 5cm 时的径流线基本与对照的径流线相交织。10cm 茬高的径流线在 10min 之前与对照的径流线基本吻合，而在 15min 后产沙量稳定在 36.35 g/（m² · min），比未留茬减少 14.0%，这一流速明显小于对照的 54.50 g/（m² · min）。说明留茬对产沙量过程的影响随着留茬高度的增加而增大，因此，在娄土 5°坡度上实施留茬措施时应将留茬高度控制在 15cm 及以上（图 6 - 8）。

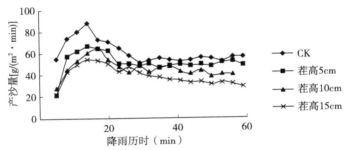

图 6 - 8　不同留茬高度及降雨时间对产沙量的影响

6.1.4.2　谷子留茬对不同坡度坡地产沙过程的影响

留茬高度 10cm、坡度为 5°时，产沙过程呈剧增—骤减—平稳的变化特点（图 6 - 9），留茬的产沙量剧增过程较对照的缓和，而且产沙量峰值也低于对照，在骤减过程中，产沙量随时间变化曲线皆处于对照的产沙量曲线以下，但在随后稳定过程中，留茬与对照的产沙量曲线出现交叉且差异较小的情况。由此可见，坡度 5°，留茬主要通过控制坡地产流前期的产沙量调控产沙总量。

当坡度为 10°时，留茬与对照的产沙过程均呈现产沙初期骤减，随后逐渐趋于稳定的特点（图 6 - 10）。在骤减过程中，留茬的产沙量略低于对照的，而在骤减阶段后期两条曲线出现交叉，但在随后的产沙量稳定过程中，留茬处理的产沙量始终低于对照的，由此可知，坡度为 10°时，留茬可以减少产沙前期的产沙量也可控制降雨中后期产沙量使其稳定在较低的水平，从而影响到整个降雨过程的产沙总量，达到减少侵蚀的效果。

当坡度为 15°时，留茬产沙量随降雨历时在产沙初期骤增，随后并未出现骤减的现象，而是缓慢较小并最后趋于稳定（图 6 - 11）。其产沙量峰值为 80.13 g/（m² · min），远低于对照的 122.60 g/（m² · min），在到达峰值之后，缓慢减少过程中，留茬产沙量随时间变化曲线与对照的曲线虽然有所交叉但总体低于对照。说明在坡度为 15°时实施留茬，可大幅降低产沙量的峰值，并且控制产沙量处于较低水平，这样达到降低坡面产沙总量的效应。

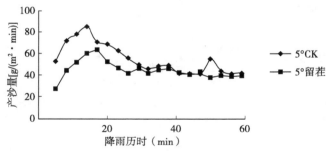

图 6 - 9　坡度 5°留茬对产沙过程的影响

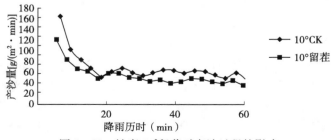

图 6 - 10　坡度 10°留茬对产沙过程的影响

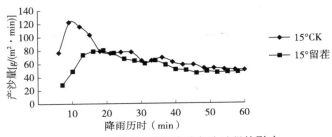

图 6-11 坡度 15°留茬对产沙过程的影响

降雨过程中，地表径流对地表的冲刷是地表泥沙侵蚀的主要因素，通过对累积产流量与累积产沙量进行回归分析，发现累积产流量与累积产沙量之间呈幂函数关系：

$W_{累积} = a Q_{累积}{}^b$（$W_{累积}$为累积产沙量，$Q_{累积}$为累积产流量）

经过 t 检验分析，回归方程系数 a 的 P 值皆为 0.000，在 $\alpha = 0.10$ 水平下，方程具有显著性意义。坡度为 5°时，茬高 5cm 方程回归系数 b 小于茬高 10cm 和茬高 15cm，茬高 10cm 方程 b 值与茬高 15cm 方程 b 值差异很小，说明茬高 5cm 以上，径流对泥沙的贡献大。茬高 10cm，方程回归系数 b 随着坡度的增加而减小，说明留茬高度一定时，径流对泥沙的增幅随着坡度的增加而减小（表 6-1）。

表 6-1　累积产流量与累积产沙量的关系

茬高（cm）	坡度（°）	方程	相关系数	P 值
5	5	$Q = 41.911 W^{0.904\,3}$	$R^2 = 0.991\,9$	0.000
	5	$Q = 23.545 W^{1.058\,7}$	$R^2 = 0.987\,0$	0.000
10	10	$Q = 25.022 W^{0.992\,3}$	$R^2 = 0.985\,8$	0.000
	15	$Q = 93.915 W^{0.657\,7}$	$R^2 = 0.999\,1$	0.000
15	5	$Q = 24.948 W^{1.054\,9}$	$R^2 = 0.986\,9$	0.000

6.2　小麦高留茬在不同坡度条件下的水土保持效应

小麦收获后所留残茬可以截留降雨，削减雨滴击打地表动能，增加降雨入渗，减小径流，增强土壤的抗冲性能，减少水土流失。残茬地上部分的茎秆可截留雨滴，降低雨滴直接击打地表土壤的动能，增加地表粗糙度，阻挡并分散径流；残茬和地下部分根系可提高土壤的抗冲性，同时根系能将土壤单粒黏结起来，也能将板结密实的土体分散，并通过根系自身的腐解和转化合成腐殖质，使土壤有良好团聚结构和孔隙状况来增强土壤入渗能力。高留茬对于防止坡地水土流失具有明显的蓄水效果，可以使降雨下渗到 100cm 以下，保贮有效水量 108.8mm，是传统农业保蓄水量的 2.5~4 倍，同时又减少了雨水对地表的冲蚀，有效地抑制了水土流失。

6.2.1 小麦高留茬对不同坡度坡地径流的影响

6.2.1.1 小麦高留茬对不同坡度坡地径流深的影响

小麦高留茬对坡地产流时间的影响表现为（图 6-12）：随着坡地坡度的增大，坡地的初始产流时间随着坡度增加而减小，但坡度为 15°时，初始产流时间较坡度 10°的产流时间出现延迟。在雨强相同、坡面试验处理相同的情况下，坡度是影响产流时间的主要因素。随着坡度的增加，降雨对坡地土壤表面物理结构的破坏力增强，出现随着坡度增加产流时间变短的现象，这也与前人的研究结果相同。当坡度达到 15°时，小麦残茬与竖直方向夹角达到 15°，30cm 高小麦残茬在坡面投影长度达到 8.04cm，而顺坡两排小麦茬之间距离为 12.5cm，此时小麦残茬可以有效减弱 64.32% 坡地面积上降雨的动能，减弱降雨对地表的侵蚀，土壤前期入渗率较其他

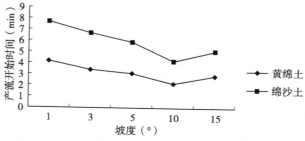

图 6-12　不同坡度对不同土类初始产流时间的影响

坡度也就更大，产流时间得到一定程度的推迟。对 1°～10°坡度而言，残茬对降雨动能的削弱作用仍弱于坡度对坡面产流的影响，产流时间仍出现随坡度增大而缩短的现象。

同一坡度不同土壤类型坡地上降雨径流深如图 6-13，坡度为 1°时，黄绵土径流深较绵沙土径流深多 25.61%，坡度 3°时黄绵土坡地产流时间较绵沙土多 33.71%，坡度 5°时多 30.60%，坡度 10°时多 25.29%，坡度 15°时多 26.56%。1°～15°坡度范围内，黄绵土坡面径流深都较黄绵土高，说明黄绵土对降雨的入渗能力弱于绵沙土对降雨的入渗能力。

两种土壤的径流深 1°～10°坡度范围内随着坡度增加均呈现增加，15°坡度时出现减小的趋势，说明在雨强为 120mm/h，坡面径流深随坡度的动态变化临界坡度处于 10°～15°，较 120mm/h，坡面无保护措施条件下 25°（谭贞学等，2009）的临界坡度减小10°～15°。可见，小麦高留茬可以降低径流深随坡面变化的临界坡度。

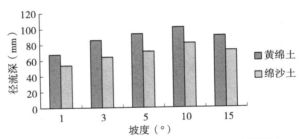

图 6-13 不同土壤类型条件下坡度对径流深影响

对黄绵土、绵沙土的径流深与坡度之间的关系进行回归分析，发现本试验中径流深随坡度的变化关系可以用二项式 $Q = aS^2 + bS + c$ 形式表示，结果为：

$$Q_{黄绵土} = -0.149\,5S^2 + 2.894S + 20.398 \quad (R^2 = 0.987\,1)$$
$$Q_{绵沙土} = -0.111\,4S^2 + 2.224\,7S + 15.743 \quad (R^2 = 0.996)$$

式中，Q 为径流深，S 为坡耕地坡度。

6.2.1.2　小麦高留茬对不同坡度坡地产流过程的影响

在黄绵土坡地上，高留茬、相同雨强条件下，不同坡度的产流过程都呈现相似的趋势（图 6 - 14）：自初始产流开始，在 5～10min 内随着降雨历时的增加，产流量变幅较大；之后随着降雨历时的延长，产流量增长缓慢并达到最大值；在降雨时间 35～40min 后产流量随着降雨过程略有波动并趋于稳定。产流量随降雨历时变化可以用对数函数表述（表 6 - 2）。

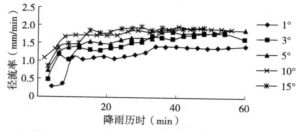

图 6 - 14　黄绵土不同坡度对产流过程的影响

产流量随降雨过程呈现先增加后稳定的根本原因在于：降雨初期，地表土壤含水量小，土壤入渗率大于降雨强度，降雨全部入渗。随着降雨的继续，土壤表层土壤含水量逐渐接近最大，同时地表被雨滴溅蚀破坏，部分土壤细颗粒阻塞孔隙，土壤入渗能力降低，当土壤入渗率小于降雨强度时就产生径流。随着产流的开始，表层土壤结构被径流破坏，导致入渗率迅速减小，此时径流在短时间内剧增，其后随着降雨的继续，表层土壤结构随着径流的冲刷逐渐稳定，也逐步进入比较稳定的动态变化过程。在绵沙土地上，高留茬、同一雨强条件下，不同坡度的产流过程呈相似趋势（图 6 - 15）：自产流开始，3～35min 产流量随降雨历时的增加呈线性增长，产流量变幅较大；35～55min 后产流量变化率逐渐减小并趋于稳定。该条件下，产流量与降雨历时表现为线性函数关系（表 6 - 2）。

在不同的土壤上产流量随降雨过程变化趋势存在较大差异的根本原因在于：黄绵土与绵沙土土壤机械构成的差异，绵沙土粗粒含量高，土壤孔隙较黄绵土大，降雨击打土壤表面时，雨滴溅蚀作用减弱，土壤细颗粒对土壤孔隙的堵塞作用较黄绵土弱，土壤入渗率在产流初期不会急剧减小，自产流后，随着径流对土壤表层的侵蚀作用，土

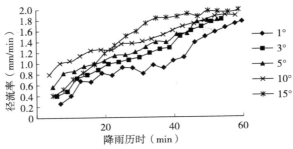

图 6-15 绵沙土不同坡度对产流过程的影响

壤表层的物理结构遭到破坏，随着降雨进行，土壤含水量逐渐增大，土壤的入渗速率逐步减小，与之对应产流量也就逐渐增大。

表 6-2 产流量与降雨过程的经验方程

土壤类型	坡度（°）	经验方程	相关系数
黄绵土	1	$R=0.490\,2\ln\,(t)-0.459\,3$	$R^2=0.826\,6$
	3	$R=0.454\,1\ln\,(t)-0.013\,9$	$R^2=0.860\,0$
	5	$R=0.426\,2\ln\,(t)+0.203\,9$	$R^2=0.901\,8$
	10	$R=0.302\ln\,(t)+0.783\,7$	$R^2=0.838\,2$
	15	$R=0.580\,4\ln\,(t)-0.247\,7$	$R^2=0.759\,2$
绵沙土	1	$R=0.025\,3t+0.185\,4$	$R^2=0.930\,8$
	3	$R=0.027\,3t+0.326\,2$	$R^2=0.979\,7$
	5	$R=0.023\,3t+0.578\,4$	$R^2=0.979\,5$
	10	$R=0.018\,7t+0.849\,1$	$R^2=0.978\,1$
	15	$R=0.029\,3t+0.614$	$R^2=0.872\,3$

注：R 为产流量（L/min）；t 为降雨历时（min）。

对小麦高留茬在不同区域土壤、不同坡度坡地的径流过程进行回归分析，发现产流量累积过程呈对数函数分布，分别得出回归方程：$Q=at^b$（表 6-3）。经 t 检验分析，各方程的系数 a 的 P 值均为 0.000，在 $α=0.10$ 水平上方程均有显著性意义。

黄绵土与绵沙土坡度在 1°～10° 范围内时，方程系数 a 值随着坡度增加而变大，说明 $1°\sim10°$ 范围内，降雨过程中坡度的增加对累积产流量的影响增大，坡度 $15°$ 时方程的 a 值小于坡度 $10°$ 的 a 值，说明坡度增加到 $15°$ 时，坡度的增加对累积产流量影响变小，这个结论与上文提到坡度 $15°$ 的产流时间较坡度 $10°$ 产流时间短的原因一致。

表 6-3　累积产流量随降雨变化过程

土壤类型	坡度（°）	经验方程	相关系数	P 值
黄绵土	1	$Q=0.040\ 2t^{1.590\ 7}$	$R^2=0.987\ 8$	0.000
	3	$Q=0.152t^{1.303\ 1}$	$R^2=0.995\ 5$	0.000
	5	$Q=0.226\ 2t^{1.222\ 6}$	$R^2=0.998\ 5$	0.000
	10	$Q=0.486t^{1.050\ 6}$	$R^2=0.998\ 9$	0.000
	15	$Q=0.251\ 5t^{1.222\ 9}$	$R^2=0.995\ 5$	0.000
绵沙土	1	$Q=0.003\ 1t^{2.141\ 2}$	$R^2=0.980\ 6$	0.000
	3	$Q=0.021\ 5t^{1.715}$	$R^2=0.997\ 4$	0.000
	5	$Q=0.063\ 1t^{1.468}$	$R^2=0.997\ 6$	0.000
	10	$Q=0.140\ 1t^{1.294\ 3}$	$R^2=0.999\ 5$	0.000
	15	$Q=0.114t^{1.350\ 5}$	$R^2=0.990\ 5$	0.000

注：Q 为累积产流量（L）；t 为降雨历时（min）。

6.2.2　小麦高留茬对不同坡度坡地土壤侵蚀的影响

6.2.2.1　小麦高留茬对不同坡度坡地产沙总量的影响

坡度一定的情况下，不同类型土壤坡地产沙总量主要取决于不同土壤类型本身性质的差异。同一坡度时，黄绵土坡地的累积产沙总量小于绵沙土的累积产沙总量。坡度为 $1°$ 时，黄绵土产沙总量仅为 $5.6g/m^2$，可见小麦高留茬在黄绵土 $1°$ 坡地上的保土效果比较显著。坡度为 $3°$ 时，绵沙土产沙总量比黄绵土产沙总量多 9.95%；坡度为 $5°$ 时，绵沙土产沙总量比黄绵土多 32.80%；坡度为 $10°$ 时，绵沙土产沙总量比黄绵土多 31.55%；坡度为 $15°$ 时，绵沙土产沙总量比黄绵土多 56.99%（图 6-16）。各坡度坡地，绵沙土的产沙总量都显著高于黄绵土的产沙总量。这主要是一方面因为黄绵土的黏粒含量为 13.8%，绵沙土的黏粒含量为 9.3%，黄绵土的抗冲性比绵沙土的抗冲性要强；另一方面是土壤自身的物理构成引起产沙量的变化，绵沙土土体松散，土壤容重高，土壤稳定性差，随着坡度的增加土壤颗粒在坡地方向产生的重力分量增大，与此同时坡面的产流量随着坡度的增加也不断增大，导致产沙总量随着坡度的增加而增大。

当坡度达到 15° 时，土壤的产沙总量均较 10° 时减少，主要因为坡度增加对产沙总量的影响小于高留茬对产沙总量的影响，使产沙总量减少。

两种土壤产沙总量随着坡度增加呈现出 1°～10° 范围内增加、坡度 15° 时减少的规律，坡面的临界侵蚀坡度处于 10°～15°，相对于无保护措施坡面的 25° 临界侵蚀坡度减小了 10°～15°。可见，小麦高留茬可以减少土壤的临界侵蚀坡度。

对黄绵土、绵沙土的产沙总量与坡度之间的关系进行回归分析，发现本试验中产沙总量随坡度的变化关系可以用二项式 $W = aS^2 + bS + c$ 形式表示，结果为：

$$W_{黄绵土} = -3.810\,2S^2 + 77.828S - 86.376 \quad (R^2 = 0.912\,6)$$
$$W_{绵沙土} = -2.343\,2S^2 + 62.492S + 5.629\,4 \quad (R^2 = 0.867\,5)$$

式中，W 为累积产沙总量，S 为耕地坡度。

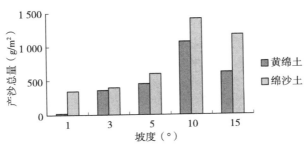

图 6-16 不同土壤类型条件下不同坡度对产沙总量的影响

6.2.2.2 小麦高留茬对不同坡度坡地产沙过程的影响

坡面产沙过程相对产流过程而言较为复杂，产沙量随降雨历时变化趋势与产流量变化趋势并不一致。黄绵土与绵沙土在各个坡度坡地产沙量变化规律皆呈现先剧增，待产沙量达到最大值后，又急剧降低，其后随着降雨历时呈现波动性减小的趋势。

黄绵土小麦高留茬条件下，降雨开始后，土壤在雨滴的击打溅蚀作用下，土壤表层松散细颗粒分散开来，随着降雨时间的延长，土壤表层结构不断被雨滴溅蚀，土壤表层也随着降雨而变得湿润松散，3～5min 之后地表径流形成，大量细颗粒随径流搬运出坡面，同时降雨后 3～10min 是黄绵土产流剧增的时间段，大量细颗粒在急剧增大的径流的强运移作用下，产流产沙剧增，使得黄绵土坡地在产流后的短时间内产沙量剧增。但随着降雨历时的延长，10min 之后，产流量逐渐稳定下来，径流的挟沙能力稳定，由产流前雨滴溅蚀产生的细颗粒大大减少，此时的产沙量主要是由径流不断冲刷地表所产生，所以在产沙量达到最大值之后的较短时间内，产沙量又会急剧减小，并渐渐趋于稳定。麦茬的根部具有固土作用，在整个侵蚀过程中，麦茬根部固定的土壤颗粒在地表径流不断冲刷下慢慢被浸润并破碎，破碎的颗粒在降雨过程中间断地向径流中输入细小土壤颗粒，相应的产沙量出现波动性稳定（图 6 - 17）。

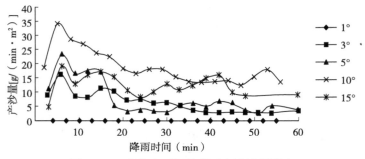

图 6 - 17　黄绵土不同坡度对产沙过程影响

绵沙土小麦高留茬条件下，降雨开始后，雨滴对表层土壤的溅蚀作用使地表积累了大量细小颗粒，开始产流后，黄绵土坡面产流量随着降雨历时呈线性增长趋势，不断增加的地表径流的挟沙能力逐渐加强，使产流前积累的细颗粒在短时间内被运移，产沙量急剧增加，在产沙量达到最大值之后，没有更多的细颗粒补充到径流中，使产沙量又急剧减小。之后，随着降雨历时的延长，径流量呈线性增加，径流的挟沙能力增强，而绵沙土黏粒含量少，抗侵蚀能力弱，随着产流量增加不断有中细颗粒被冲刷补充产沙量，产沙量逐渐趋于稳定。由于麦茬根部对土壤的固定作用，附着于麦茬根部的土块，随着径流的不断冲刷而不断破裂并向径流中补充泥沙，产沙量便呈现出波动性变化（图6-18）。

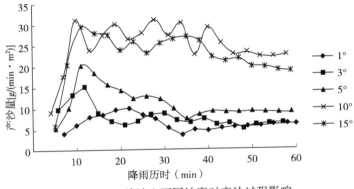

图6-18 绵沙土不同坡度对产沙过程影响

对不同土壤高留茬不同坡度坡地累积产沙量与降雨历时的关系进行回归分析，累积产沙量随降雨历时呈幂函数，回归方程（$y=ax^b$）见表6-4。经过 t 检验分析，回归方程系数 a 的 P 值皆为0.000，在 $\alpha=0.10$ 水平下，方程均具有显著性意义。由表6-4可知，坡度1°～10°范围内，a 值随坡度的增加而增大，说明在该坡度范围内，坡度对产沙过程影响大，当坡度为15°时，a 值减小，坡度对产沙过程的影响被削弱，原因在于随着坡度的增加，小麦留茬在坡面的投影增加，留茬所能削弱的雨滴数量也随之增加，在1°～10°范围内，留茬拦截降雨作用对产沙量的减幅作用小于坡度的增加对产沙量增长的增幅作用，当达到15°时，小麦留茬在坡面的投影距离占到麦茬行距的64.32%，此时麦茬拦截降雨作用对产沙量的减幅大于坡度增加带来的产沙量的增幅。说明高留茬在坡度

10°以内,坡度的增加对产沙过程影响大于留茬对产沙量的影响,而坡度达到15°时,坡度对产沙量的影响小于留茬的影响。

表 6-4　累积产沙量与降雨历时的回归方程

土壤类型	坡度（°）	经验方程	相关系数	P 值
黄绵土	1	$y=0.044x^{1.193}$	$R^2=0.987$	0.000
	3	$y=5.346x^{0.805}$	$R^2=0.961$	0.000
	5	$y=8.699x^{0.738}$	$R^2=0.912$	0.000
	10	$y=13.28x^{0.834}$	$R^2=0.987$	0.000
	15	$y=2.397x^{1.167}$	$R^2=0.953$	0.000
绵沙土	1	$y=0.4339x^{1.408}$	$R^2=0.945$	0.000
	3	$y=0.8541x^{1.494}$	$R^2=0.958$	0.000
	5	$y=1.1252x^{1.3478}$	$R^2=0.945$	0.000
	10	$y=1.8691x^{1.4053}$	$R^2=0.979$	0.000
	15	$y=0.9857x^{1.561}$	$R^2=0.936$	0.000

6.3　不同坡度时小麦留茬高度的水土保持效应

小麦收割后留茬,地上部分残留的茎秆可以对雨滴起到截留的作用,削减雨滴直接击打地表土壤的动能,同时增加地表粗糙度,机械阻挡并分散径流;残茬地下部分根系的缠绕和固结可以提高土壤的抗冲性,同时根系能将土壤单粒黏结起来,也能将板结密实的土体分散,并通过根系自身的腐解和转化合成腐殖质,使土壤有良好的团聚结构和孔隙状况来增强土壤入渗能力。呼有贤研究高留茬对于防止坡地水土流失具有明显的蓄水效果,可以使降雨下渗到100cm以下,保贮有效水108.8mm,是传统农业保蓄水分的2.5～4倍,同时又减少了雨水对地表的冲蚀,有效地抑制水土流失,稳定了土壤肥力,为作物持续生产和增产创造了有利环境。

留茬可以截留降雨,削减雨滴打击地表动能,增加入渗,减小径流，增强土壤的抗冲性，减少水土流失。国内对留茬高度定量研究的报道较少，而且大多集中在留茬高度对风蚀的影响方面，对留茬高度减少水土流失的研究较少。本试验通过模拟降雨试验方法，比较不同坡度上的留茬高度减少水土流失的作用。

6.3.1 不同坡度时小麦留茬高度对产流的影响

6.3.1.1 不同坡度时小麦留茬高度对产流量的影响

小麦收获后所留残茬可以截留雨滴，削减雨滴的动能，增加地表粗糙度，对地表径流产生一定的影响。图 6-19 可以看出在雨强 120mm/h 时，不同坡度情况下，各个坡度产流时间随留茬高度的变化趋势大致相同，都是随着留茬高度的增加，产流时间延长，这主要是由于随着留茬高度的增加，小麦茎秆截留作用增强，降水到达地面时间延长，使得地表径流形成缓慢，产流历时延长。其一因为小麦茎秆节间的外面紧包着由叶的基部扩大形成的叶鞘，在叶鞘与叶片相连处有一叶舌，其两旁有一对叶耳，小麦的茎秆不是光滑的，对雨滴有一定的阻截作用；其二因为小麦主茎上有 5 个伸长节，试验所用的小偃 22 小麦的主茎基部第一节长为 5.5cm，第二节长为 7.3cm，第三节长为 10.7cm，第四节长为 16cm，第五节长

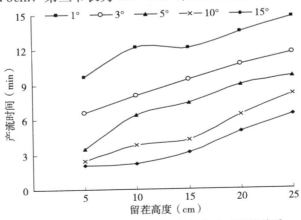

图 6-19　不同坡度时留茬高度与产流时间的关系

为 23cm。当留茬高度为 5cm 时，茎秆外面没有伸展的叶片，留茬 10cm 时茎秆外面有一片伸展的叶片，留茬 15cm 和 20cm 时，茎秆外面有两片伸展的叶片，留茬 25cm 时茎秆外面有 3 片伸展的叶片，叶片越多，叶面积越大，对降雨的截留作用越明显，降雨先落在秸秆上，然后顺着秸秆流下来，延长了雨滴到达地面的时间。同一留茬高度条件下随坡度的增大产流时间缩短。这与蒋定生室内模拟结果相一致。

对不同坡度留茬高度的产流时间进行回归分析，结果为：$t_p = 7.579 + 0.258H - 0.573S$（$R^2 = 0.894$），式中 t_p 为初始产流时间，H 为秸秆留茬高度，S 为坡度。回归系数 b_1 为 0.258，b_2 为 -0.573，经 t 检验 b_1、b_2 的 P 值均为 0.000，按 $\alpha = 0.10$ 水平，回归系数有显著意义，即产流时间与留茬高度和坡度的关系可以用线性关系描述。$R^2 = 0.894$ 相关性显著，说明拟合方程的可靠性较高。留茬高度的标准化偏回归系数为 0.503，坡度的标准化偏回归系数为 -0.801，可以看出秸秆留茬高度对产流时间的影响要小于坡度对产流时间的影响。

同一坡度时，累积径流量随留茬高度的增加而降低（图 6-20）。这是由于秸秆的截留作用引起了雨量的减少和产流时间的延长。但径流量随留茬高度的增加而变化的变化率是不一样的。留茬高度为 5cm、10cm、15cm 时，累积径流量随留茬高度的变化幅度不是很大，茬高从 5cm 增加到 10cm，径流量最大变化率为 5.7%，茬高从 10cm 增加到 15cm，径流量最大变化率为 7.5%。留茬高度为 20cm、25cm 时，累积径流量随留茬高度的变化幅度相对较大，当茬高从 15cm 增加到 20cm，径流量最大变化率为 12.2%，茬高从 20cm 增加到 25cm 时，径流量最大变化率为 12.3%。留茬高度为 5～15cm 时，留茬高度对径流量的影响不大，留茬高度为 15～25cm 时，留茬高度对径流量的影响相对较大。同一留茬高度情况下，坡度小于 10° 时，随着坡度增大，累积径流量逐渐增大；当坡度大于 10° 时，随着坡度增大，累积径流量逐渐减少。这主要有以下三个方面的原因：第一，随着坡度的增加，径流重力在顺坡方向的分力增大，径流流速加快，土壤入渗减小，径流量增加。第二，坡面的实际受雨面积是坡面在垂直方向的投影，即坡面的实际受雨面积为坡面面积与坡度余弦的乘积。随着坡度的增加，坡面的实际受雨面积减少，因而坡面的实际受雨量减少，径流量减少。第三，在坡度很小时坡面上的秸秆残茬与雨滴的方向几乎平行，秸秆拦截雨滴的面积为秸秆横截面之和。随着坡度改变，坡面上的秸秆残茬与雨滴的方向成一定夹角，其夹角的角度与坡度的角度相同，秸秆拦截雨滴的面积为秸秆纵截面与坡度的正弦之积的和，随着坡度的增大秸秆拦截雨滴的面积也在增大，对雨滴的截留能力增强。当坡度增加到一定程度时，随坡度增加而增加的径流量不能抵消随坡度增加引起的因实际受雨量减少和秸秆截留量增加而减少的径流量时，径流量开始减少。

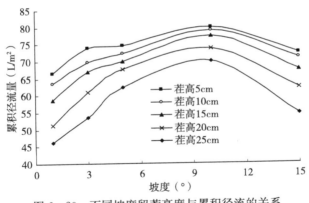

图 6-20 不同坡度留茬高度与累积径流的关系

对各个坡度条件下的累积径流量（Q）与留茬高度（H）的关系进行回归分析，结果为 $Q=a+bH$（表 6-5）。经 t 检验，各方程的回归系数 b 的 P 值按 $\alpha=0.10$ 水平，均有显著性意义。累积径流量随留茬高度的增长呈线性关系下降（表 6-5）。比较各坡度条件下方程的回归系数，发现不同坡度时系数不同，说明不同坡度时，留茬高度对径流量的影响是不一样的。坡度小于 10° 时，随着坡度的增大，方程的回归系数 b 值增大，但回归系数为负值，即随着坡度的增大，留茬高度对径流量的影响在减小。坡度大于 10°时，随着坡度的增大，留茬高度对径流量的影响增大。

表 6-5　累积径流量与留茬高度的回归方程

坡度（°）	回归方程	相关系数	P 值
1	$Q=72.71-1.078H$	0.985	0.001
3	$Q=80.03-1.022H$	0.971	0.002
5	$Q=78.07-0.578H$	0.957	0.004
10	$Q=83.46-0.496H$	0.932	0.008
15	$Q=78.7-0.884H$	0.928	0.008

6.3.1.2　不同坡度时小麦留茬高度对产流过程的影响

不同坡度径流量的过程变化趋势大致相同，都是留茬高度低的先产流，留茬高度高的后产流，且留茬高度低的径流量大，留茬高度高的径流量小（图 6-21～图 6-25）。在各个留茬高度条件下随降雨时间的延长，径流量总体上均呈现出增大的趋势，在开始产流后的 15～20min 内增长很快，之后逐步变缓，并逐渐趋于稳定。径流量随降雨过程呈现出这种变化的主要原因是随着降雨历时的延长，表层土壤含水量增大，地表土壤受雨滴击打作用及细颗粒物质填充土壤孔隙的影响，土壤入渗能力减小，径流量急速增大，持续到降雨 15～20min 以后，土壤含水量及土壤表面孔隙状况的变化率开始减小，土壤入渗率大体趋于稳定，径流量的变化也趋于减小。在坡度小于 10°时，随着坡度的增大，留茬高度对径流量的影响越来越小；坡度大于 10°时，留茬高度对径流量的影响呈增大趋势。1°时不同留茬高度径流过程的差异很明显，整个降雨过程中，径流量基本上均为留茬高度 5cm 小区的＞留茬高度 10cm 小区的＞留茬高度 15cm 小区的＞留茬高度 20cm 小区的＞留茬高度 25cm 小区的。3°时不同留茬高度的径流过程的差异不如 1°时明显，大约在开始产流后的前 30min，不同留茬高度的径流过程差异比较显著，30min 以后，径流量的差异不如前面明显。5°时不同留茬高度径流过程的差异进一步减小，大约在开始产流后的前 25min，不同茬高的径流过程有明显差异，25min 以后，不同茬高的径流量过程线交叉在一起，看不出明显差异。10°时不同留茬高度的径流过程的差异变得更小，大约在开始产流后的前 15min，不同茬高的径流过程还可以看出差异，15min 以后，不同茬高的径流量过程线交叉缠绕在一起，基本看不出差异。15°时不同留茬高度的径流过程的差异开始增大，大约在开始产流后的前 25min，不同茬高的径流过程都可以看出差异，25min 以后，不同留茬高度的径流量过程线又交叉缠绕在一起，基本看不出差异。这主要是因为径流量的变化受坡度和留茬高度的共同影响，坡度小于 10°时，坡度较小，坡度对径流量的影响也较小，留茬高度对径流量的影响占主导地位，随着留茬高度的变化，径流量的变化趋势很明显。随着坡度的增大，坡度对径流量的影响开始增大，留茬高度的变化对径流量的影响不如坡度的影响大，不同留茬高度径流过程的差异开始变得不明显。随着坡度的进一步增大，坡度对径流量的影响进一步增大，留茬高度的变化对径流量的影响进一步减小，坡度对径流量的影响占主导地位，不同留茬高度径流过程的差异更小。坡度增加到 15°时，坡度增加对径流的影响要小于留茬高度对径流量的影响，不同留茬高度的径流过程的差异又开始变得明显。

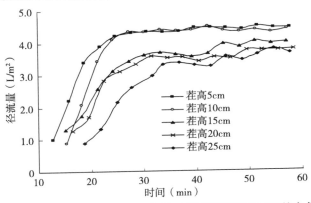

图 6-21　1°时不同留茬高度条件下径流量随降雨过程的变化

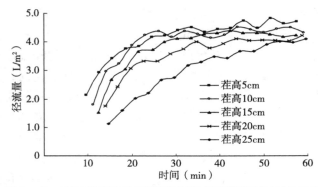

图 6-22　3°时不同留茬高度条件下径流量随降雨过程的变化

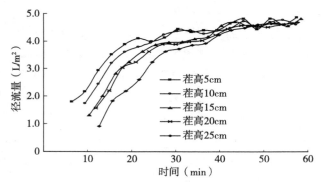

图 6-23　5°时不同留茬高度条件下径流量随降雨历时的变化

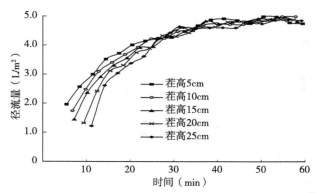

图 6-24　10°时不同留茬高度条件下径流量随降雨历时的变化

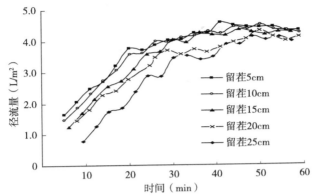

图 6-25 15°时不同留茬高度条件下径流量随降雨历时的变化

对不同坡度条件下留茬高度的径流过程进行回归分析，发现径流累积过程呈幂函数分布，其回归方程为 $Q=at^b$（表 6-6）。经 t 检验，各方程的偏回归系数 b 的 P 值均为 0.000，按 $\alpha=0.10$ 水平，方程均有显著性意义。从表 6-6 中可以看出，各坡度条件下均是随着留茬高度增大，方程的回归系数 b 值变大，说明随留茬高度增大，降雨历时对累积径流量的影响增大。同一留茬高度时，随坡度增大，方程的回归系数 b 值变小，说明随着坡度的增大，降雨历时对累积径流量的影响减小。

表 6-6 径流累积过程的回归方程

坡度（°）	留茬高度（cm）	回归方程	相关系数	P 值
	5	$Q=0.004\ 4t^{2.435}$	0.941	0.000
	10	$Q=0.002\ 1t^{2.551}$	0.926	0.000
1	15	$Q=0.001\ 3t^{2.643}$	0.961	0.000
	20	$Q=0.001t^{2.796}$	0.951	0.000
	25	$Q=0.000\ 2t^{3.178}$	0.955	0.000
3	5	$Q=0.053\ 4t^{1.809}$	0.978	0.000
	10	$Q=0.026\ 7t^{1.973}$	0.964	0.000

（续）

坡度（°）	留茬高度（cm）	回归方程	相关系数	P 值
	15	$Q=0.010\ 8t^{2.188}$	0.961	0.000
3	20	$Q=0.009\ 2t^{2.199}$	0.965	0.000
	25	$Q=0.002\ 3t^{2.49}$	0.974	0.000
	5	$Q=0.105\ 7t^{1.641}$	0.991	0.000
	10	$Q=0.037\ 2t^{1.897}$	0.978	0.000
5	15	$Q=0.015\ 4t^{2.103}$	0.974	0.000
	20	$Q=0.012\ 6t^{2.138}$	0.971	0.000
	25	$Q=0.002\ 8t^{2.503}$	0.968	0.000
	5	$Q=0.183\ 1t^{1.508}$	0.995	0.000
	10	$Q=0.094\ 6t^{1.673}$	0.989	0.000
10	15	$Q=0.061\ 9t^{1.778}$	0.986	0.000
	20	$Q=0.024t^{2.014}$	0.973	0.000
	25	$Q=0.011\ 9t^{2.182}$	0.962	0.000
	5	$Q=0.160\ 4t^{1.513}$	0.998	0.000
	10	$Q=0.125\ 9t^{1.571}$	0.997	0.000
15	15	$Q=0.066\ 3t^{1.721}$	0.995	0.000
	20	$Q=0.045\ 5t^{1.795}$	0.992	0.000
	25	$Q=0.008\ 3t^{2.209}$	0.986	0.000

6.3.2 不同坡度时小麦留茬高度对土壤侵蚀的影响

6.3.2.1 不同坡度时小麦留茬高度对产沙量的影响

留茬高度的改变引起了径流量的变化，径流量的变化必将对产沙量的改变产生一定的影响。在雨强 120mm/h、坡度相同时，累积产沙量随留茬高度的增长而降低，这与累积径流量的变化趋势相同。这是因为从某种程度上说，产沙量是随径流量变化而变化的，但其变化幅度比径流量变化幅度要大。当留茬高度从 5cm 增加到

10cm 时，累积产沙量的最大变化率为 10.6%；从 10cm 增加到 15cm 时，累积产沙量最大变化率为 11%；留茬高度从 15cm 增加到 20cm 时，累积产沙量最大变化率为 21%；留茬高度从 20cm 增加到 25cm 时，累积产沙量最大变化率为 22.2%。留茬高度相同时，随坡度增大，累积产沙量逐渐增大（图 6-26）。这主要有以下 3 个方面的原因：第一，随着坡度的增加，产流时间缩短，径流量增长；第二，随着坡度的增加，径流重力在顺坡方向的分力增大，径流的冲刷能力增强；第三，随着坡度的增加，土壤的抗冲蚀能力减小，即土壤稳定性减弱。累积产沙量受 3 个因素的综合影响，虽然当坡度大于 10° 时，增大坡度径流量会有所减少，但因坡度增大引起的径流量减小对累积产沙量的影响小于因坡度增大径流冲刷能力增强和土壤稳定性减弱对累积产沙量的影响，在坡度 15°以内，随坡度的增大产沙量增加。

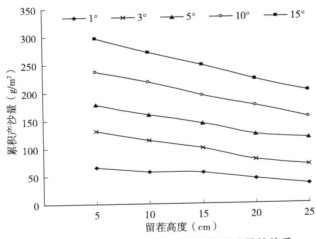

图 6-26 不同坡度留茬高度与累积产沙量的关系

对各坡度的累积产沙量（W）与留茬高度（H）的关系进行回归分析。经 t 检验，各坡度时方程回归系数 b 的 P 值，按 $\alpha=0.10$ 水平均有显著性意义。从表 6-7 中可以看出，累积产沙量随着留茬高度的增长呈指数关系下降，比较各方程的回归系数，发现不同坡度

时留茬高度的系数不同，说明不同坡度时，留茬高度对累积产沙量
的影响不同。随坡度增大，方程的回归系数 b 值增大，但回归系数
为负值，即随着坡度的增大，留茬高度对累积产沙量的影响在减小。

表 6-7　累积产沙量（W）与留茬高度（H）的回归方程

坡度（°）	回归方程	相关系数	P 值
1	$W=79.304e^{-0.03H}$	0.927	0.009
3	$W=153.77e^{-0.029H}$	0.989	0.001
5	$W=199.25e^{-0.022H}$	0.988	0.001
10	$W=267.23e^{-0.021H}$	0.993	0.000
15	$W=328.556e^{-0.019H}$	0.999	0.000

对累积产沙量（W）与累积径流量（Q）进行回归分析，发现
它们之间存在着显著的线性相关，其回归方程如表 6-8。经 t 检
验，各方程的回归系数 b 的 P 值均为 0.000，按 $\alpha=0.10$ 水平，方
程均有显著性意义。表 6-8 可以看出，留茬高度相同时，随坡度
的增大方程的回归系数 b 值增大，即随着坡度的增大，径流量对泥
沙量的贡献率在增大，同一留茬高度时随着坡度的增大，径流中的
泥沙含量在增大。在同一坡度时，随着留茬高度的变化，方程的回
归系数变化出现波动，说明不同留茬高度时径流量对泥沙量的贡献
率具有波动性，即同一坡度时随留茬高度的变化径流中的泥沙含量
具有波动性。主要是由于秸秆留茬会对径流和泥沙产生阻挡作用，
在坡面的某一点上聚集很多的径流或泥沙，在某一时间时又被冲刷
走，所以径流中的含沙量会有一定的波动性。

表 6-8　累积产沙量（W）与累积径流量（Q）的回归方程

坡度（°）	留茬高度（cm）	回归方程	相关系数	P 值
	5	$W=0.885Q+3.984$	0.997	0.000
1	10	$W=0.878Q+2.262$	0.999	0.000
	15	$W=1.0215Q+0.120$	0.999	0.000

（续）

坡度（°）	留茬高度（cm）	回归方程	相关系数	P 值
1	20	$W=1.003Q+0.509$	0.999	0.000
	25	$W=0.477Q+1.478$	0.991	0.000
3	5	$W=1.35Q+6.272$	0.994	0.000
	10	$W=1.251Q+3.599$	0.997	0.000
	15	$W=1.279Q+2.55$	0.997	0.000
	20	$W=1.344Q+2.376$	0.996	0.000
	25	$W=1.387Q+5.287$	0.985	0.000
5	5	$W=1.884Q+11.101$	0.99	0.000
	10	$W=1.791Q+9.389$	0.991	0.000
	15	$W=1.436Q+11.102$	0.983	0.000
	20	$W=1.296Q+9.876$	0.983	0.000
	25	$W=1.307Q+11.146$	0.976	0.000
10	5	$W=1.723Q+10.1665$	0.992	0.000
	10	$W=1.774Q+7.296$	0.995	0.000
	15	$W=1.647Q+7.569$	0.995	0.000
	20	$W=1.428Q+8.914$	0.989	0.000
	25	$W=1.277Q+6.64$	0.993	0.000
15	5	$W=2.31Q+15.789$	0.983	0.000
	10	$W=2.294Q+12.054$	0.989	0.000
	15	$W=2.374Q+12.606$	0.986	0.000
	20	$W=1.827Q+9.79$	0.987	0.000
	25	$W=1.954Q+12.299$	0.98	0.000

6.3.2.2 不同坡度时小麦留茬高度对产沙过程的影响

产沙过程主要受径流过程的影响，随产流过程的变化而变化。但由于地面留有秸秆残茬，同一小区不同位置地表受雨滴的击打作用不同，对土粒的击溅作用不同，产沙过程与径流过程不会完全相同。从图 6-27 到图 6-31 可以看出，在坡度相同时，留茬高度低的产沙量大，留茬高度高的产沙量小，这与径流的变化趋势相同。留茬高度高的产沙过程的波动小，留茬高度低的产沙过程的波动大。这是由于留茬高度高时，产流所需要的时间相对较长，产流强度也较小，产沙量受地表径流的影响较小，所以降雨过程中产沙量的波动较小。留茬高度低时，产流早且强度也相对较大，径流对产沙量的影响作用显著增强，留茬高度小时径流过程的波动较大，所以产沙量随降雨时间的延长波动也较大。在各留茬高度时，在开始产沙后的 12~18min 内，产沙量急剧增加，随后变缓，在 30min 左右产沙过程随时间延长出现减小的趋势，但并不是随时间平稳降低，而是具有一定的波动性。产沙量随降雨过程呈现出这种变化是由于坡面侵蚀产沙是一个非饱和非平衡产沙过程，此过程中产沙量的大小一方面取决于径流侵蚀力的强弱，另一方面也与地面物质的补给能力有关，坡面侵蚀过程中这两方面因素的消长变化决定了产沙量的变化特征。在降雨最初阶段，地表可供击溅的物质较多，产沙量主要由降雨动能的大小决定。随着降雨过程的延长，地表利于被冲刷的颗粒含量不断减少，土壤表面渐渐粗化，雨滴打击也使表面变得坚实，地表抗蚀强度不断增大。径流增加到一定程度后也会减弱雨滴击溅迁移土粒的能力，其结果使产沙量随着降雨的持续逐渐减小。因此，产沙量随降雨过程的变化趋势，基本上表现为先增加后减少的规律。

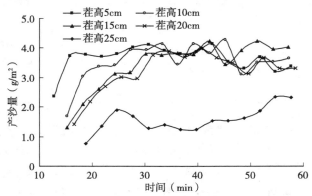

图 6-27　1°时不同留茬高度条件下产沙量随降雨历时的变化

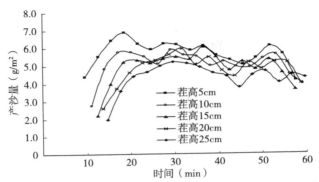

图 6-28　3°时不同留茬高度条件下产沙量随降雨历时的变化

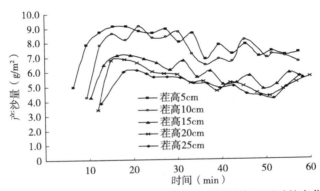

图 6-29　5°时不同留茬高度条件下产沙量随降雨历时的变化

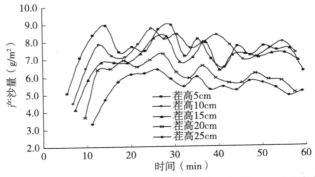

图 6-30　10°时不同留茬高度条件下产沙量随降雨历时的变化

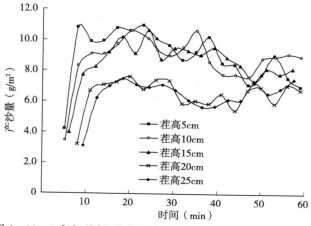

图 6-31　15°时不同留茬高度条件下产沙量随降雨历时的变化

对不同坡度条件下留茬高度的产沙过程进行回归分析，发现累积产沙过程呈幂函数分布，其回归方程如下表 6-9。经 t 检验，各方程的回归系数 b 的 P 值均为 0.000，按 $\alpha=0.10$ 水平，方程均有显著性意义。方程中 W 为累积产沙量，t 为降雨历时，从表 6-9 可以看出，坡度相同时，随着留茬高度增大，方程的回归系数 b 值变大，说明随留茬高度的增大，降雨历时对累积产沙量的影响增大。在同一留茬高度条件下，随着坡度的增大，方程的回归系数 b 值变小，说明随着坡度的增大，降雨历时对累积产沙量的影响减小，这与径流累积过程的变化趋势一致。

表 6-9　产沙量随降雨过程变化的回归方程

坡度（°）	留茬高度（cm）	回归方程	相关系数	P 值
1	5	$W=0.033t^{1.892}$	0.953	0.000
	10	$W=0.006t^{2.314}$	0.943	0.000
	15	$W=0.002t^{2.532}$	0.959	0.000
	20	$W=0.002t^{2.544}$	0.954	0.000
	25	$W=0.001t^{2.520}$	0.922	0.000

坡度（°）	留茬高度（cm）	回归方程	相关系数	P 值
3	5	$W=0.191t^{1.58}$	0.965	0.000
	10	$W=0.065t^{1.818}$	0.947	0.000
	15	$W=0.022t^{2.081}$	0.944	0.000
	20	$W=0.018t^{2.117}$	0.951	0.000
	25	$W=0.01t^{2.241}$	0.933	0.000
5	5	$W=0.547t^{1.410}$	0.971	0.000
	10	$W=0.188t^{1.657}$	0.948	0.000
	15	$W=0.165t^{1.622}$	0.948	0.000
	20	$W=0.096t^{1.726}$	0.925	0.000
	25	$W=0.076t^{1.769}$	0.940	0.000
10	5	$W=0.768t^{1.308}$	0.983	0.000
	10	$W=0.379t^{1.482}$	0.981	0.000
	15	$W=0.294t^{1.525}$	0.980	0.000
	20	$W=0.16t^{1.645}$	0.955	0.000
	25	$W=0.07t^{1.811}$	0.954	0.000
15	5	$W=0.833t^{1.349}$	0.964	0.000
	10	$W=0.548t^{1.442}$	0.97	0.000
	15	$W=0.41t^{1.51}$	0.972	0.000
	20	$W=0.23t^{1.572}$	0.953	0.000
	25	$W=0.126t^{1.718}$	0.947	0.000

6.4　小结

（1）谷子留茬可以延后径流的产生，随着留茬高度增加，产流时间延后越长；同一留茬高度条件下，坡度与产流时间成反比。5cm茬高相对对照径流深减少了7.8%，10cm茬高相对对照径流深减少了 15.47%，15cm 茬高相对对照径流深减少了 32.3%，5cm 茬高对径流深的减少效果并不显著，当留茬高度达到 10cm 以上时，才能显著减少坡面径流总量。坡度为 5°时，留茬相对裸地减少径流深 15.47%；坡度为 10°时，减少 1.97%；坡度为 15°时，减少 1.12%。坡度 5°时，留茬减少径流幅度极显著高于 10°与 15°条件下的。留茬减少坡面径流深的效果在坡度 5°时效果最佳，随着坡度的增加，留茬减少径流的效果并不明显。

（2）同一坡度条件下，产沙总量随留茬高度的增长而降低，5cm 比未留茬减少产沙总量 16.77%，10cm 比未留茬减少产沙总量 19.29%，15cm 比未留茬减少产沙总量 29.19%，谷子留茬可以显著减少土壤的侵蚀量，而且随着留茬高度的增高，留茬减少侵蚀的效果也越明显。坡度为 5°时，留茬较对照区产沙总量减少 16.78%；坡度为 10°时，减少 20.85%；坡度为 15°时，减少 22.08%。随着坡度的增加，留茬减少坡面产沙总量的效应相应提高。谷子留茬通过减缓产流初期产流量及产沙量的剧增趋势、控制稳定产流量及产沙量达到降低径流深及产沙总量的效果。

（3）累积产流量与累积产沙量之间呈幂函数关系：$W_{累积} = aQ_{累积}^b$。坡度为 5°时，5cm 茬高方程回归系数 b 小于 10cm 茬高与 15cm 茬高的，10cm 茬高方程 b 值与 15cm 茬高的 b 值差异很小，说明 5cm 以上，径流对泥沙的贡献大。茬高 10cm 时，方程回归系数随着坡度的增加而减小，说明留茬高度一定时，径流对泥沙的增幅随着坡度的增加而减小。

（4）黄绵土和绵沙土的产流时间随坡度的增加变化趋势基本一致，均是 1°～10°随着坡度的增加产流时间变短，达到 15°时，产流时间较 10°均出现延迟。同一坡度时，绵沙土坡地初始产流时间是同等条件下黄绵土坡地初始产流时间的 1.7～1.9 倍。

（5）黄绵土与绵沙土坡面产沙总量随着坡度增加均为：10°之前增加，15°时减少；黄绵土小麦高留茬 1°坡地的产沙总量极少；3°～15°时，绵沙土产沙总量较黄绵土多 9.95%～86.99%。黄绵土与绵沙土坡面径流深随着坡度增加均呈现：10°之前增加，15°时减少，小麦高留茬条件下，坡面侵蚀临界坡度在 $10°\sim15°$；$1°\sim15°$坡地，当坡度相同时，黄绵土的径流深比绵沙土多 $25.29\%\sim33.71\%$。

（6）黄绵土、绵沙土随降雨时间的延长，径流量总体上均呈现出增大的趋势。黄绵土在开始产流后的 10min 内增加很快，以后逐步变缓，并基本趋向于稳定。黄绵土自产流开始后，产流量随降雨历时呈线性升高，在同坡度时，黄绵土产流时间早于绵沙土。黄绵土、绵沙土径流累积过程均呈幂函数 $Q=at^b$ 分布，$1°\sim10°$坡度范围内，坡度对径流过程影响大于小麦留茬，15°时小麦留茬对产沙量的影响超过坡度对产流量动态变化的影响。

（7）黄绵土、绵沙土产沙过程趋势总体一致，黄绵土在产流开始后 3min 内产沙量急剧增加，$3\sim9$min 急剧减少，产流开始后的 30min 左右产沙量出现上下波动，总体趋于稳定。绵沙土在产流开始后 9min 内产沙量急剧增加，$9\sim18$min 内急剧减少，35min 左右出现明显上下波动，总体趋于稳定。累积产沙过程呈幂函数 $W=at^b$ 分布，$1°\sim10°$坡度范围内，坡度对产沙过程影响大于小麦留茬，15°时小麦留茬对产沙量的影响超过坡度对产沙量动态变化的影响。

（8）同一坡度时，随留茬高度的增加，产流时间延迟；同一留茬高度时，随坡度的增大产流时间缩短。秸秆留茬高度对产流时间的影响要小于坡度对产流时间的影响。同一坡度时，累积径流量随着留茬高度的增加而降低，留茬高度从 5cm 增加到 25cm 时，留茬高度相同，当坡度小于 10°时，随着坡度增大，累积径流量增大；当坡度大于 10°时，随着坡度的增大，累积径流量减少。同一坡度时，累积产沙量随留茬高度的增长而降低，留茬高度从 5cm 增加到 25cm 时，累积产沙量减少 $32.1\%\sim48.1\%$。同一留茬高度时，随着坡度增大，累积产沙量增大。

（9）随降雨历时的延长，径流量总体上均呈现出增大的趋势，在开始产流增加很快，以后逐步变缓，并基本趋向于稳定。在坡度小于 10°时，随着坡度的增大，留茬高度对径流量的影响越来越小；坡度大于 10°时，留茬高度对径流量的影响又呈增大趋势，径流量累积过程呈幂函数 $Q=at^b$ 分布。产沙过程线与径流过程线的变化趋势相似，开始产沙后的 $12\sim18$min 内，产沙量急剧增加，随后变化变缓，在 30min 左右产沙过程随时间延长出现减小的趋势，但不是随时间平稳降低，而是具有一定的波动性，产沙累积过程也呈幂函数 $W=at^b$ 分布。

7

秸秆覆盖对玉米不同生长期的
水土保持效应

本试验通过人工模拟降雨方法研究了黄绵土、绵沙土上玉米不同生长期秸秆覆盖的水土保持效应。

7.1 秸秆覆盖在玉米不同生长期对径流的影响

7.1.1 不同土壤类型秸秆覆盖在玉米不同生长期对径流的影响

同种土壤类型，玉米不覆盖和玉米覆盖两种处理的产流时间均随玉米的生长而延迟（表 7-1）；黄绵土与绵沙土种植玉米 3 个生长期秸秆覆盖玉米地产流时间均较无覆盖玉米地（CK）长，黄绵土秸秆覆盖延长苗期玉米坡地产流时间 54.5%，延长拔节期产流时间 49.1%，延长穗期产流时间 14.3%；绵沙土秸秆覆盖延长苗期产流时间 88.1%，延长拔节期产流时间 54.8%，延长穗期产流时间 18.9%；可见，在黄绵土和绵沙土条件下，随着玉米生长期的进程，秸秆覆盖延长产流时间的幅度减小。这主要由不同生长期玉米的叶面郁闭度不同而引起的。随着玉米的生长，玉米叶片的数量、叶片宽度长度以及玉米茎秆的高度都在增大，这就导致随着玉米的生长，玉米茎叶的郁闭度增加，对降雨的拦截作用随着玉米的生长而增强，产流时间也就随着玉米的生长而出现延迟。秸秆覆盖下苗期玉米的郁闭度极小，秸秆覆盖对降雨起主要作用，与之相对的无秸秆覆盖的玉米地表则受降雨直接击打溅蚀，地表土壤易被降雨破坏，因此秸秆覆盖下苗期玉米产流时间较对照的产流时间延迟幅度大，随着玉米的生长，郁闭度对产流的影响逐渐增加，也就使得秸秆覆盖对产流时间的影响逐渐减小。

相同条件下，黄绵土下的产流时间较绵沙土短，这主要取决于两种土壤的物理结构，黄绵土黏粒含量高于绵沙土黏粒含量。在地表发生雨滴溅蚀时，被溅蚀的黏粒更容易阻塞土壤的透水空隙，导致土壤的入渗性降低，利于地表径流的产生，故黄绵土坡地产流时间较短。

秸秆覆盖能够延迟产流时间，也表明在降雨初期，秸秆覆盖下土壤对雨水的入渗时间较无覆盖玉米地长，而未产流前，降雨全部入渗，即土壤的实际入渗速率等于降雨强度，秸秆覆盖下产流时间长，则入渗水量也就增加。在相同降雨条件下，秸秆覆盖玉米地产流的径流深就小于无秸秆覆盖玉米地的径流深。此外，由于秸秆对地表土壤的保护作用，秸秆覆盖下土壤的入渗速率相对无秸秆覆盖土壤入渗速率更高，径流深较低。

如图 7-1 所示，黄绵土秸秆覆盖不同时期玉米地径流深度相对无秸秆覆盖同时期玉米的径流深度分别减少幅度为：苗期减少13.1%，拔节期减少15.6%，穗期减少5.7%，减幅在拔节期时达到最大，在穗期时最小。由此可见，种植玉米的黄绵土上秸秆覆盖的减少产流的效应在玉米拔节期达到最大，到穗期后，由于玉米本身郁闭度的影响，秸秆覆盖的影响降低。绵沙土秸秆覆盖不同时期玉米地径流深相对无秸秆覆盖同期玉米的径流深度减少幅度为：苗

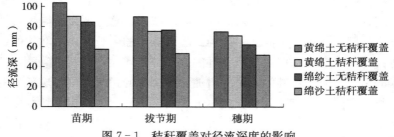

图 7-1　秸秆覆盖对径流深度的影响

期减少 31.93%，拔节期减少 31.2%，穗期减少 15.4%。其中对不覆盖苗期及拔节期减少幅度相当，穗期减少幅度最小。由此可知，对于种植玉米的绵沙土而言，秸秆覆盖在玉米苗期、拔节期减少径流的效应均较强，受玉米郁闭度的影响很小，同样由于穗期玉米的郁闭度较大，秸秆覆盖的影响降低。

玉米生长期相同，绵沙土秸秆覆盖径流深减少幅度均大于黄绵土秸秆覆盖，因此，在种植玉米的绵沙土实施秸秆覆盖效果较绵沙土效果更为明显。

表 7-1 各处理玉米不同生长期产流时间（min）

生长期	黄绵土		绵沙土	
	无秸秆覆盖	秸秆覆盖	无秸秆覆盖	秸秆覆盖
苗期	3.3	5.1	6.7	8.8
拔节期	5.3	7.9	9.3	14.4
穗期	9.1	10.4	12.7	15.1

7.1.2 不同土壤类型秸秆覆盖对产流过程的影响

玉米苗期时，黄绵土对照与黄绵土秸秆覆盖产流过程呈现不同变化趋势（图 7-2），黄绵土秸秆覆盖区较无秸秆覆盖对照区延后1.8min，二者的产流过程均呈现产流开始后 10min 内剧烈增加，随着降雨历时逐步稳定的变化趋势。黄绵土秸秆覆盖区较无秸秆覆盖对照区延迟 2.2min，对照区产流量呈现产流后 3min 内剧烈增加，随着降雨历时 3~40min 内缓慢增加，之后产流量逐渐趋于稳定。而在覆盖条件下，产流量并未出现陡增情况，在产流开始后40min 内呈现线性缓速增加的趋势，随后产流量逐渐趋于稳定。可见，在玉米苗期时，对于黄绵土、绵沙土而言，秸秆覆盖可以起到延缓径流产生的作用。绵沙土秸秆覆盖可以起到延缓径流增加趋势，避免径流短时间急剧增加，达到稳定产流过程的作用。

玉米拔节期（图 7-3），不同土壤类型条件下，黄绵土上秸秆

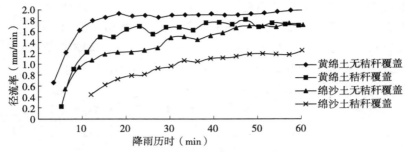

图7-2 玉米苗期秸秆覆盖对径流率的影响

覆盖区较无秸秆覆盖区产流时间延迟 4.4min，二者的产流过程均
呈现产流量在产流开始后的短时间内急剧增加，后随降雨历时渐渐
趋于稳定的趋势。绵沙土上秸秆覆盖区较无秸秆覆盖区产流时间延
迟 5.1min，无秸秆覆盖区产流过程呈现出产流量在产流开始后
3min 内陡增，后随降雨历时缓慢增加，并在 35min 左右稳定。而
黄绵土秸秆覆盖区产流量随时间变化增长缓慢，在产流开始后
40min 左右趋于稳定。可见，玉米苗期时，秸秆覆盖可以起到延缓
径流产生时间的作用，对于黄绵土条件而言，缓流的效果更好，有
效地避免产流量陡增情况的出现。

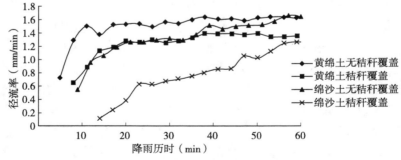

图7-3 玉米拔节期秸秆覆盖对径流率的影响

玉米穗期时（图7-4），黄绵土秸秆覆盖延迟产流开始时间
1.3min，绵沙土秸秆覆盖延迟产流开始时间 2.4min，各处理的产
流量随降雨历时的变化趋势与苗期以及拔节期时的变化趋势基本

一致。

对秸秆覆盖在不同区域土壤、玉米不同生长时期的径流过程进行回归分析，发现产流量累积过程呈对数函数分布，分别得出回归方程 $y=a\ln(t)+b$ 表 7-2。经 t 检验分析，各方程的系数 a 的 P 值均为 0.000，按 $\alpha=0.10$ 水平，方程均有显著性意义。

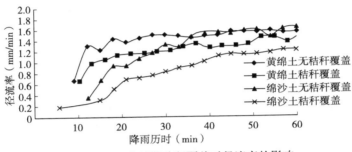

图 7-4 玉米穗期秸秆覆盖对径流率的影响

表 7-2 产流量与降雨历时回归分析

土壤类型	处理	生长期	回归方程	相关系数
黄绵土	无秸秆覆盖	苗期	$y=0.343\ln(x)+0.683$	$R^2=0.740$
		拔节期	$y=0.454\ln(x)+0.028$	$R^2=0.750$
		穗期	$y=0.295\ln(x)+0.432$	$R^2=0.682$
	秸秆覆盖	苗期	$y=0.342\ln(x)+0.683$	$R^2=0.739$
		拔节期	$y=0.277\ln(x)+0.3107$	$R^2=0.771$
		穗期	$y=0.335\ln(x)+0.0842$	$R^2=0.877$
绵沙土	无秸秆覆盖	苗期	$y=0.461\ln(x)-0.135$	$R^2=0.963$
		拔节期	$y=0.277\ln(x)+0.311$	$R^2=0.771$
		穗期	$y=0.697\ln(x)-1.146$	$R^2=0.916$
	秸秆覆盖	苗期	$y=0.431\ln(x)-0.523$	$R^2=0.940$
		拔节期	$y=0.750\ln(x)-1.858$	$R^2=0.974$
		穗期	$y=0.504\ln(x)-0.841$	$R^2=0.946$

产流量随降雨历时呈现以上趋势的根本原因在于：秸秆覆盖在降雨初期、产流期的作用。降雨初期，秸秆覆盖层一方面可以保护坡面表层土壤免受雨水的直接击打溅蚀，另一方面秸秆本身具有吸收降雨水分以及缓冲降雨的能力。当雨滴到达秸秆覆盖层时，降雨的动能被秸秆大幅削弱，降低了雨滴对土壤的溅蚀作用，而秸秆可以吸收本身重量 2.9 倍的水分，所以部分降雨被秸秆覆盖层所吸收，减少了实际到达地表的降雨总量，从而降低土壤的入渗总量，延迟表层土壤到达饱和的时间，径流产生时间就相应延迟。而无秸秆覆盖区的土壤受降雨击打强度远高于覆盖条件下的土壤，这就导致初期地表土壤黏粒在降雨的击打溅蚀作用下分散开来，并积累大量易侵蚀的颗粒，表层土壤的抗侵蚀能力降低，虽然玉米植株随着生长其郁闭度也在增加，但因为无秸秆覆盖层，降雨过程中叶片拦截的雨水部分从叶尖及边缘部分直接降落到地表并产生一定的溅蚀作用，故玉米各时期，无秸秆覆盖区表层土壤都较同时期秸秆覆盖表层土壤受降雨溅蚀作用强，都会在表层土壤积累相对较多的易侵蚀土壤颗粒阻塞土壤孔隙。当表层土壤的水分饱和以后，就产生径流，在产流初期，无秸秆覆盖下的土壤由于降雨初期雨滴对地面的击打作用，土壤表层透水孔隙堵塞较覆盖条件下多，入渗率较低，因此产流初期产流量较秸秆覆盖的产流量也较高，随着径流的冲刷作用，表层土的入渗速率降低幅度加快。在黄绵土情况下，土壤孔隙的堵塞效果较绵沙土明显，故产流初期，土壤入渗速率急剧降低，与之对应的径流深度就在短时间内迅速增大。对于无秸秆覆盖的绵沙土而言，虽然绵沙土所含黏粒较少，但相对秸秆覆盖其土壤入渗率降低速率也较快，所以黄绵土两种处理以及绵沙土无秸秆覆盖情况会出现产流初期短时间内径流深度急剧增长的情况。随着降雨历时延长，土壤表层积累的黏粒被径流不断冲刷，土壤表层含水量逐渐趋于饱和，因而在径流深度急剧增加后随着降雨历时逐渐趋于稳定。黄绵土秸秆覆盖情况下，降雨初期地表被雨滴溅蚀造成的破坏较轻微，所以土壤表层结构保护较好；而绵沙土黏粒含量较少，而粗颗粒含量高，入渗性能高，产流初期径流对土壤表层透水孔隙的破坏小，故而并未出现短时间内径流陡增，而是呈现稳定增长的现象。随着降雨历时增长，土壤表层的细颗粒随着径流被冲刷，但因为秸秆的阻碍作用，部分黏粒在冲刷过程中会重新沉淀到表层而阻塞土壤孔隙，在这样一个过程中，土壤入渗率在慢慢变小，同时由于土壤表层含水量不断增加，径流深会逐渐趋于稳定。

综合秸秆覆盖在不同土壤类型条件下，玉米不同时期对产流过程的影响可知，降雨情况相同时，秸秆覆盖可以有效延缓降雨的初始产流时间，产流时间的延后使土壤对降雨的入渗总量加大，故而可以增强土壤对降雨的入渗能力，稳定产流量随时间的变化。对于种植玉米的黄绵土而言，秸秆覆盖具有延缓径流产生时间的作用，且能够缓和产流量随降雨历时的增加趋势，避免产流量短时间内陡增情况的发生，从而避免短时间内大量径流对土壤侵蚀的加剧。

7.2 不同土壤类型、玉米不同生长期秸秆覆盖对产流、产沙过程的影响

7.2.1 不同土壤类型秸秆覆盖在玉米不同生长期对产沙总量的影响

黄绵土与绵沙土二者土壤组成的不同必然导致在相同玉米生长期、相同的降雨条件下，土壤侵蚀的效果出现差异。对于同类土壤而言，玉米不同生长期其植株的郁闭度存在较大差异，导致在降雨条件相同的情况下，土壤在玉米不同生长期的土壤侵蚀量存在一定差异。

玉米苗期绵沙土坡地产沙总量较黄绵土坡地产沙总量多16.14%；玉米拔节期时，绵沙土坡地产沙总量较黄绵土坡地产沙总量多60%；玉米穗期时，绵沙土坡地产沙总量较黄绵土坡地产沙总量多105.30%。可见对照区玉米在苗期、拔节期以及穗期，绵沙土坡地产沙总量皆高于黄绵土坡地。这主要是因为黄绵土的构成中黏粒含量（13.8%）大于绵沙土的黏粒含量（9.3%），土壤的抗冲性相对较强，虽然在玉米拔节期及穗期时，绵沙土产沙总量高

出黄绵土的比例较高，但因为在这两个生长期，两种土壤类型的坡地产沙总量皆处于较低水平（87.68～480.00g/m²），实际相差量分别为179.19g/m²、92.32g/m²。

如图7-5所示，玉米不同时期时，根据黄绵土无秸秆覆盖与黄绵土秸秆覆盖两种处理产沙总量得出，玉米苗期秸秆覆盖产沙总量较无秸秆覆盖产沙总量减少55.26%，玉米拔节期秸秆覆盖相对无秸秆覆盖减少产沙总量70.08%，在玉米穗期时秸秆覆盖相对无秸秆覆盖减少产沙总量72.63%。

玉米不同时期，根据绵沙土无秸秆覆盖与绵沙土秸秆覆盖两种处理产沙总量得出，玉米苗期秸秆覆盖产沙总量较无秸秆覆盖减少54.69%；玉米拔节期秸秆覆盖相对无秸秆覆盖减少产沙总量69.42%；在玉米穗期时，减少产沙总量为77.78%。

综合秸秆覆盖在两种类型土壤坡地上，玉米不同生长时期的减沙效果，可见在玉米的各生长时期，秸秆覆盖皆可以起到明显降低侵蚀的作用。

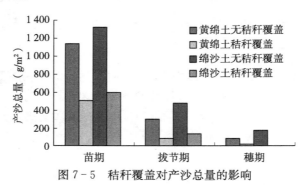

图7-5 秸秆覆盖对产沙总量的影响

7.2.2 不同土壤类型秸秆覆盖对产沙过程的影响

降雨过程中，地表侵蚀主要由降雨溅蚀以及产流后地表径流冲刷作用决定，同样，产沙过程也是如此，秸秆覆盖能够大幅降低降雨对地表的溅蚀作用，在产流阶段可以阻碍径流，降低流速，降低径流对土壤的冲刷作用从而影响坡面的产沙过程。

玉米苗期时，产沙量随降雨历时在各个处理呈现不同的分布趋势（图7-6），黄绵土无秸秆覆盖对照区的产沙量随降雨历时呈现先增加后缓慢减少最终趋于稳定的现象，在产流开始后 6min 出现剧增，其之后 6min 又急剧减少，之后随着降雨过程慢慢减小并最终趋于稳定，降雨中后期出现波动性分布情况。与之相对的秸秆覆盖区产沙量随着降雨的分布呈稳定小幅增长，且产沙与降雨历时曲线整个过程都处于对照曲线下方。可见，黄绵土秸秆覆盖可以避免产流初期产沙量的陡增情况，并稳定整个产沙过程。在绵沙土无秸秆覆盖对照区的产沙量在产流开始后就处于较高水平，产流开始后的 15min 内呈缓慢降低的趋势，之后随着降雨历时逐渐缓慢减小并趋于稳定；绵沙土覆盖初期产沙量较该处理下其他时段高，并在产流 3min 内急剧减少，之后随降雨历时而逐渐趋于稳定，且产流过程的曲线在整个产沙过程中都处于对照区绵沙土产沙过程曲线的下方。由此可知，绵沙土上，秸秆覆盖同样可以起到降低产沙总量并稳定产沙过程的作用。

在玉米苗期，各处理产沙过程出现上述差异的原因在于，降雨对对照区地表的溅蚀效果较秸秆覆盖强烈，这就导致种植玉米无覆盖措施下土壤表层受降雨击溅产生的易侵蚀土壤颗粒多于种植玉米秸秆覆盖区，而且对照区地表在降雨初期积累更多的细颗粒，这就导致在产流初期，大量易侵蚀颗粒随着产流量的陡增而被径流冲刷，出现了产沙量在短时间内陡增的情况。在随后的降雨过程中，产流前积累的颗粒不断被径流冲刷，但随着降雨溅蚀而新增的产沙量远小于产流前的易侵蚀颗粒量，故而出现产沙量短时间内骤减的现象。之后的降雨过程中，产流前积累的颗粒被逐渐冲刷完，此时产沙量主要由径流的冲刷作用决定，径流不断冲刷新增的被降雨溅蚀产生的颗粒和地表，随着产流量的稳定逐渐趋于稳定。降雨的溅蚀作用并未降低，而采取秸秆覆盖区降雨初期地表所受降雨溅蚀作用弱，产生的易侵蚀细颗粒少，所以在产流初期的产沙量较少，但相对同处理其他时刻的产沙量要多，这也是因为产流前积累的易侵蚀颗粒造成的，而随着积累易侵蚀颗粒被径流冲刷，新增的泥沙量主要由径流的冲刷作用形成，而秸秆覆盖层不仅能够大幅降低降雨对地表的溅蚀，还可以阻碍径流，降低径流速度，因此有秸秆覆盖的区域，径流的挟沙能力较弱，产生的过程产沙量也较少。

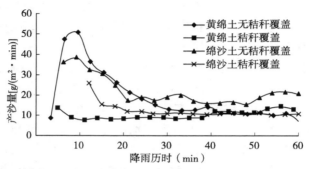

图 7-6　玉米苗期秸秆覆盖对产沙过程的影响

在玉米拔节期（图 7-7），黄绵土无秸秆覆盖与绵沙土无秸秆覆盖区产沙量随降雨历时分布状况类似，均为在产流后 3min 内产沙量陡增，在之后的 6min 内骤减，之后趋于稳定。黄绵土条件下产沙量在 30min 内呈线性减少，在降雨中后期出现小幅增减的波动性变化。绵沙土条件下产沙量在 9～40min 内产沙量缓慢减少，随后出现总体减小的波动性变化。而与之对应的，两种土壤在秸秆覆盖下的产沙量与降雨历时的分布均呈现出初始产沙量较高，随着降雨历时并未出现苗期产沙量趋于稳定的现象，而是出现变幅较小的波动性变化，且过程产沙量相对于无秸秆覆盖措施下过程产沙量处于较低水平。

分析两种土壤类型对照区的产沙量随降雨历时呈现剧增—骤减—稳定波动变化趋势的原因在于：因为无秸秆覆盖地表，降雨初期产生较多的易侵蚀土壤颗粒，在产流初期径流陡增的情况下，这些颗粒被冲刷带走，在短时间内产生较大产沙量；而随后产流量稳定以及积累的颗粒被逐渐冲走，新增的易侵蚀颗粒量不足以弥补被冲刷的产流前积累的颗粒，因此出现骤减的情况。而后随着积累的颗粒逐渐被冲刷殆尽，此后产沙量逐渐稳定。可见两种土壤类型对照区的产沙量随降雨历时剧增、骤减及稳定阶段产生的原因与苗期基本一致。而在降雨后期，黄绵土坡地产沙量出现减少的情况，这主要因为玉米到拔节期后，其郁闭度较苗期显著变大，玉米茎叶对降雨的拦截作用开始表现出来。由于玉米植株对降雨的拦截作用，地表遭受到降雨的溅蚀作用相比苗期时降低，这样在降雨强烈直接击打作用下可以被溅蚀的颗粒，由于降雨到达地面时动能的减弱而得以继续保留在土壤中，相应地，能够补充到径流中的泥沙量也就逐渐减少。而绵沙土抗侵蚀能力弱于黄绵土，致使在部分雨滴动能降低的情况下，仍有小粒径颗粒被击溅侵蚀补充到径流当中，因而产沙量并未有所减少。

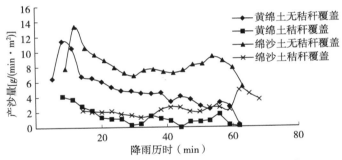

图 7-7　玉米拔节期秸秆覆盖对产沙过程的影响

在玉米穗期（图 7-8），黄绵土无秸秆覆盖产沙量随降雨历时分布呈现产流后 3min 内剧增，其后的 6min 内骤减，随后呈现总体减小的波动性分布状态。而绵沙土无秸秆覆盖产沙量随降雨历时分布为初始产流开始后的 9min 内增加速率较快，随后出现波动性稳定状态，但过程产沙量随降雨历时总体减小。而穗期黄绵土与绵沙土秸秆覆盖区的过程产沙量皆为：产流初期较大，之后3~6min 内减小幅度较大，此后随着降雨历时产沙量一直稳定在较低水平。

无秸秆覆盖种植玉米措施下的产沙量随降雨历时分布趋势的主要原因是，产流前降雨对地表溅蚀产生的细颗粒在前期陡增的径流的冲刷下在短时间内被冲刷，故而产生短时间内产沙量陡增的情况。而在绵沙土上，产沙量在短时间内的增加速率要弱于黄绵土，这是由于黄绵土与绵沙土本身性质造成的，黄绵土的黏粒含量高于绵沙土的黏粒含量，而黏粒含量高的土壤其抗蚀性较强，黏粒易在土壤表层形成土壤结皮，从而堵塞土壤孔隙，减少土壤水分入渗，径流系数增大。这就使黄绵土初期的产流量较高，在短时间内增加幅度也较绵沙土的大，径流的挟沙能力更强。与之对应的，产流前积累的易侵蚀颗粒会在短时间内被冲刷造成产沙量短时间内剧增的现象产生，而绵沙土由于其入渗性能优于黄绵土，因此产流前期其产流量增加幅度较小，相应前期径流的挟沙能力较低，产沙量的增加速率就低于黄绵土的。由于穗期玉米郁闭度相比拔节期玉米显著增加，玉米植株对降雨的拦截作用更强，减弱了雨滴对地表的直接击打，削弱降雨到达地面的动能，该作用使因降雨击溅侵蚀造成的松散土壤细颗粒相对前两个生长期减少。同样，产流量也降低，这样在降雨中后期，通过击溅侵蚀产生的颗粒不断减少，径流中的细颗粒补充不断减少，相应的产沙量逐渐减少。在秸秆覆盖下，两种土壤类型条件下的产沙量的动态变化过程呈现相同趋势，秸秆覆盖仍为影响产沙量动态过程的主要因素。

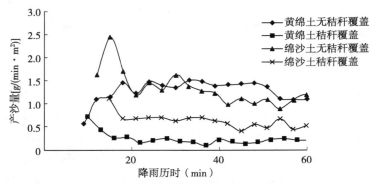

图 7 - 8　玉米穗期秸秆覆盖对产沙过程的影响

　　综上所述，秸秆覆盖是影响产沙量动态变化过程的主要因素。一方面，秸秆覆盖降低了降雨过程中的过程产沙量；另一方面，秸秆覆盖可以缓解产流初期因为径流陡增造成产沙量短时间内陡增的效果。随着玉米的生长，玉米植株的郁闭度也对产沙过程产生一定影响，尤其玉米生长到拔节期及穗期时，玉米植株对产沙过程影响较为显著。

通过上述分析可见，在降雨条件相同的情况下，径流的冲刷是增加产沙量的一个重要因素，通过对各时段累积产流量及各时段累积产沙量进行回归分析，发现累积产流量与累积产沙量之间呈线性函数关系：$W_{累积} = aQ_{累积} + b$（$W_{累积}$ 为累积产沙量，$Q_{累积}$ 为累积产流量），经过 t 检验分析，回归方程系数 a 的 P 值皆为 0.000，在 $\alpha = 0.10$ 水平下，方程均具有显著性意义。

由表 7-3 分析可得，在同种土壤、相同地表处理措施条件下，方程系数 a 值均为苗期大于拔节期大于穗期，随着玉米从苗期到拔节期，再到穗期的生长过程，径流对产沙量的影响逐渐减小。可见随着玉米的生长，径流量对泥沙量的促进作用减弱。在同种土壤、相同玉米生长期，无秸秆覆盖方程系数 a 值都小于秸秆覆盖的 a 值，这表明无秸秆覆盖区径流对泥沙的增幅影响大于覆盖措施区，证明秸秆覆盖可以减弱径流对土壤的冲刷作用，减小径流对土壤的侵蚀效果。在相同坡面、相同玉米生长期，黄绵土上方程系数 a 值小于绵沙土，这说明黄绵土坡地上径流对泥沙量的贡献小于绵沙土坡地上，随着玉米生长进程，玉米植株对黄绵土上径流对产沙的效应弱于对绵沙土的效应。

表 7-3 累积产流量与累积产沙量回归分析

土壤类型	处理	生长期	回归方程	相关系数	P 值
黄绵土	无秸秆覆盖	苗期	$W_{累积} = 9.306Q_{累积} + 263.2$	$R^2 = 0.914$	0.000
		拔节期	$W_{累积} = 3.025Q_{累积} + 60.29$	$R^2 = 0.954$	0.000
		穗期	$W_{累积} = 0.882Q_{累积} + 1.255$	$R^2 = 0.993$	0.000
	秸秆覆盖	苗期	$W_{累积} = 5.994Q_{累积} - 3.591$	$R^2 = 0.995$	0.000
		拔节期	$W_{累积} = 0.774Q_{累积} + 27.64$	$R^2 = 0.921$	0.000
		穗期	$W_{累积} = 0.155Q_{累积} + 3.002$	$R^2 = 0.988$	0.000

（续）

土壤类型	处理	生长期	回归方程	相关系数	P 值
绵沙土	无秸秆覆盖	苗期	$W_{累积}=13.380Q_{累积}+246.3$	$R^2=0.970$	0.000
		拔节期	$W_{累积}=5.664Q_{累积}+55.73$	$R^2=0.990$	0.000
		穗期	$W_{累积}=0.859Q_{累积}+13.93$	$R^2=0.970$	0.000
	秸秆覆盖	苗期	$W_{累积}=10.380Q_{累积}+122.5$	$R^2=0.986$	0.000
		拔节期	$W_{累积}=2.631Q_{累积}+12.69$	$R^2=0.994$	0.000
		穗期	$W_{累积}=1.142Q_{累积}-3.186$	$R^2=0.983$	0.000

7.3 小结

本章通过模拟降雨试验，研究了陕北地区主要耕作土壤黄绵土和绵沙土，秸秆覆盖对玉米不同生长时期的产流产沙效应的影响。结果表明：

（1）秸秆覆盖可以延迟坡面初始径流产生的时间，黄绵土条件下，秸秆覆盖延长苗期玉米坡地产流时间 54.5%，延长拔节期产流时间 49.1%，延长穗期产流时间 14.3%；绵沙土条件下，秸秆覆盖延长苗期产流时间 88.1%，延长拔节期产流时间 54.8%，延长穗期产流时间 18.9%。

（2）土壤为黄绵土时，秸秆覆盖不同时期玉米地径流深度相对无秸秆覆盖同期玉米的径流深度分别减少幅度为：苗期减少 13.1%，拔节期减少 15.6%，穗期减少 5.7%。减幅在拔节期时达到最大，在穗期时最小。土壤为绵沙土时，秸秆覆盖不同时期玉米地径流深度相对无秸秆覆盖同期玉米的径流深度减少幅度为：苗期减少 31.93%，拔节期减少 31.2%，穗期减少 15.4%；其中对无秸秆覆盖苗期及拔节期减少幅度相当，穗期减少幅度最小。

（3）玉米苗期时，绵沙土坡地产沙总量较黄绵土坡地产沙总量多 16.14%；玉米拔节期时，绵沙土坡地产沙总量较黄绵土坡地产沙总量多 60%；玉米穗期时，绵沙土坡地产沙总量比黄绵土坡地产沙总量多 105.30%。可见在苗期、拔节期以及穗期，绵沙土坡地产沙总量皆高于黄绵土坡地。

（4）黄绵土与绵沙土对照区的产流量随降雨历时呈现产流开始后剧增，随后逐渐趋于稳定的规律。而黄绵土与绵沙土秸秆覆盖的产流量随降雨时间的增长而缓慢增加，在降雨中后期产流量趋于稳定。各处理产流量与降雨历时关系呈 $y = a \ln(t) + b$（其中 y 为产流量，t 为降雨历时）分布。秸秆覆盖可以起到延缓产流的作用。绵沙土秸秆覆盖可以起到延缓产流增加趋势，避免产流短时间急剧增加，稳定产流过程的作用。

（5）黄绵土与绵沙土无秸秆覆盖区的产沙量随降雨历时呈现产流开始后剧增，之后骤减，在降雨中后期趋于稳定。其中，在玉米拔节期，黄绵土无秸秆覆盖区产沙量在降雨中后期呈减小趋势；在玉米穗期，黄绵土与绵沙土无秸秆覆盖区在降雨中后期产沙量都出现减小趋势。随着玉米的生长，玉米植株的郁闭度也对产沙过程产生一定影响，尤其玉米生长到拔节期及穗期时，玉米植株对产沙过程影响较为显著。黄绵土与绵沙土秸秆覆盖的产沙过程在玉米各生育期皆表现为初始产沙量较高，随着降雨历时逐渐减少并趋于稳定的变化趋势。秸秆覆盖可以稳定产沙过程，避免短时间产沙量急剧增加的现象。累积产流量与累积产沙量之间呈线性函数关系：$W_{累积} = aQ_{累积} + b$。

（6）在同种土壤、相同地表处理措施条件下，随着玉米的生长，径流量对泥沙量的正面影响在减小；在同种土壤、相同玉米生长期，秸秆覆盖可以减弱径流对土壤的冲刷作用，减小径流对土壤的侵蚀效果。在相同坡面、相同玉米生长期，随着玉米生长的进程，玉米植株对黄绵土上径流对产沙的效应弱于对绵沙土的效应。

8

秸秆覆盖量对水土保持的影响

8.1 秸秆覆盖量对玉米地水土保持的影响

8.1.1 不同种植方式秸秆覆盖量对地表径流的影响

8.1.1.1 不同种植方式秸秆覆盖量对产流时间的影响

　　秸秆覆盖减弱了雨滴的击溅动能、改变了地表的粗糙度，会对地表径流产生一定的影响。种植玉米地和无种植地的产流时间随覆盖量变化的趋势基本相同，都是覆盖量越大，产流的时间越晚（图8-1）。因为随着秸秆覆盖量增加，降水就地入渗功能增强，使得地表径流形成缓慢，产流历时延长。在无种植作物小区当秸秆覆盖量为 1 000kg/hm² 时，产流时间与无覆盖产流时间相差不大，说明覆盖量为 1 000kg/hm² 时，对坡面产流时间的影响不大；在覆盖量为 2 000kg/hm² 时，产流时间是无覆盖时的 4.9 倍，说明覆盖量为 2 000kg/hm² 时可以有效地延缓坡面产流时间；覆盖量为 5 000kg/hm² 时的产流时间是无覆盖时的 10.6 倍。由此可以看出，秸秆覆盖量低于 2 000kg/hm² 时不能很好地延缓坡面产流时间，覆盖量越大，产流滞后的时间越长，而且对产流的影响作用也越大。种植玉米小区，覆盖量 5 000kg/hm² 时产流时间是无覆盖时的 6.4 倍。在各覆盖量处理下，种植玉米小区产流时间均滞后于无种植小区的产流时间，覆盖量相同时，种植玉米小区的初始产流时间是没有种植作物小区的 1.2～2 倍。

　　对产流时间进行回归分析，结果无种植小区：$t_{p无} = 29.476 +$

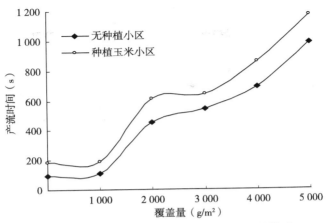

图 8-1　不同种植方式覆盖量与产流时间的关系

$0.181C$（$R^2=0.956$），式中 t_p 为初始产流时间，C 为秸秆覆盖量。回归系数 b 为 0.181，经 t 检验 b 的 P 值为 0.001，按 $\alpha=0.10$ 水平回归系数有显著意义，即产流时间与覆盖量的关系可以用线性关系描述。$R^2=0.956$ 相关性显著，说明拟合方程的可靠性较高。种植玉米小区：$t_{p玉米}=112.048+0.201C$（$R^2=0.945$），式中 t_p 为初始产流时间，C 为秸秆覆盖量。回归系数 b 为 0.201，经 t 检验 b 的 P 值为 0.001，按 $\alpha=0.10$ 水平回归系数有显著意义，即产流时间与覆盖量的关系可以用线性关系描述。$R^2=0.945$ 相关性显著，说明拟合方程的可靠性较高。

　　将种植玉米小区和无种植小区的回归方程进行比较，发现无种植小区和种植玉米小区覆盖量 C 的回归系数不同，说明降雨时在无种植小区和种植玉米小区进行秸秆覆盖时，覆盖量对产流时间的影响不同。比较无种植小区和种植玉米小区覆盖量回归系数的比值：$b_无/b_玉米=0.181/0.201=0.9<1$，说明无种植小区秸秆覆盖量对产流时间的影响要小于种植玉米小区秸秆覆盖量对产流时间的影响。

　　产流时间的推迟，会增加坡面水分入渗时间，增加降水入渗

量，减少径流量。各覆盖量时种植玉米小区的累积径流量都要小于
无种植作物小区的累积径流量，累积径流量随覆盖量变化的趋势基
本一致，都是随着覆盖量的增大累积径流量急剧减少（图 8-2）。
主要是由于随着覆盖量的增大，秸秆对降雨动能的减小作用加强，
秸秆对地表径流的拦阻作用也加强，地表径流流速相应减小，这样
就延长了地表径流流动时间，增加了入渗总量，使径流总量减少。
累积径流量的变化率随覆盖量有很大不同，大致可以分为两个梯
度。秸秆覆盖量为 3 000kg/hm² 是径流量变化率的转折点；覆盖
量小于 3 000kg/hm² 时，径流随覆盖量的变化率不是很大；覆盖
量大于 3 000kg/hm² 时，径流量随覆盖量的变化率急剧增大。如
在无种植小区，覆盖量为 1 000kg/hm² 时，累积径流量与无覆盖
时差别不大；覆盖量为 3 000kg/hm² 时，累积径流量比无覆盖时
减少 21.2%；覆盖量为 5 000kg/hm² 时，累积径流量比无覆盖时
减少 47.1%。种植玉米小区径流量变化趋势与无种植小区径流量
变化趋势大致相同，但在种植玉米小区覆盖量对径流量减少的作用
比无种植小区更明显。如在种植玉米小区覆盖量为 5 000kg/hm²
时，比无覆盖时累积径流量减少 57.9%。这主要由于种植玉米小

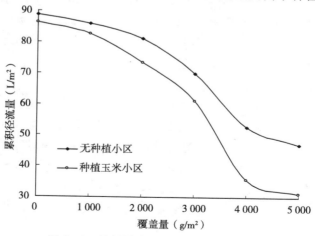

图 8-2　秸秆覆盖量对累积径流量的影响

区，除了覆盖的秸秆减少降雨动能和拦阻地表径流外，玉米本身对降雨有截留作用，所以种植玉米小区比无种植小区对减少径流的作用明显。覆盖量相同时，种植玉米小区累积径流量比无种植小区累积径流量减少 2.8%～33.4%。

对累积径流量进行回归分析：无种植作物小区，$Q_无 = 93.724 - 0.009\ 1C$（$R^2 = 0.941$），式中 Q 为累积径流量，C 为秸秆覆盖量。回归系数 b 为 $-0.009\ 1$，经 t 检验 b 的 P 值为 0.001，按 $\alpha = 0.10$ 水平，回归系数有显著意义，即无种植小区覆盖量与累积径流量的关系可以用线性关系描述。$R^2 = 0.941$ 相关性显著，说明拟合方程的可靠性较高。种植玉米小区，$Q_{玉米} = 92.284 - 0.012C$（$R^2 = 0.941$），式中 Q 为累积径流量，C 为秸秆覆盖量。回归系数 b 为 -0.012，经 t 检验 b 的 P 值为 0.008，按 $\alpha = 0.10$ 水平，回归系数有显著意义，即种植玉米小区覆盖量与累积径流量的关系可以用线性关系描述。$R^2 = 0.941$ 相关性显著，说明拟合方程的可靠性较高，适用于本试验。

将方程 $Q_无 = 93.724 - 0.009\ 1C$ 和 $Q_{玉米} = 92.284 - 0.012C$ 比较，发现无种植小区和种植玉米小区的秸秆覆盖量回归系数不同，说明降雨时无种植小区和种植玉米小区同一覆盖量时对累积径流量的贡献是不同的。比较无种植小区和种植玉米小区覆盖量回归系数的比值：$b_无/b_{玉米} = 0.009\ 1/0.012 = 0.76 < 1$，但回归系数 b 为负值，说明秸秆覆盖量在无种植小区对径流量的贡献要大于在种植玉米小区对径流量的贡献，即秸秆覆盖在种植玉米小区减流效果比在无种植小区减流效果明显。

8.1.1.2 不同种植方式秸秆覆盖量对产流过程的影响

秸秆覆盖可以削减雨滴击溅动能，增加地面粗糙度，秸秆覆盖量的不同，会造成对雨滴动能的削减效果不同和地面粗糙程度的不同，对径流的产生和入渗时间影响不同，影响产流过程。由图 8-3、图 8-4 可以看出雨强 120mm/h、坡度 10°时，无种植小区和种植玉米小区径流量的过程变化线趋势大致相同，都是覆盖量小的先产流、覆盖量大的后产流，且覆盖量小的径流量大、覆盖量大的径流量小。随降雨时间的延长，径流量总体上均呈现增大的趋势，在开始产流后的 $10\sim15\text{min}$ 内增加较快，随后逐步变缓，并基本趋于稳定。径流量随降雨过程呈现出这种变化的主要原因是在降雨的前期，土壤的入渗能力比较大，降雨大部分渗入土壤中，地表产生径流很少。随着降雨历时的延长，表层土壤含水量增大，地表土壤受雨滴击打作用及细颗粒物质填充土壤孔隙的影响，土壤入渗能力减小，径流量急速增大。持续到降雨 $10\sim15\text{min}$ 以后，土壤含水量及土壤表面孔隙状况的变化率开始减小，土壤入渗率大体趋于稳定，径流量的变化也趋于缓和。没有种植作物的坡地，覆盖量小于 $3\,000\text{kg/hm}^2$ 时，径流量随雨过程变化不稳定，径流量波动比较大。这是因为秸秆的阻挡，在土壤表面形成滞水而减小径流量。但随着滞水的增加，覆盖量小于 $3\,000\text{kg/hm}^2$ 的秸秆覆盖形成的阻拦不足以抵消滞水重力沿坡面方向切力的冲刷作用，造成滞水下泄，径流量突然增大。在覆盖量为 $4\,000\text{kg/hm}^2$ 和 $5\,000\text{kg/hm}^2$ 时，径流量随降雨过程变化相对稳定，波动较小。因为秸秆覆盖足以抵消滞水重力沿坡面方向切力的冲刷作用，可以把滞水一直阻拦到降雨结束。种植玉米坡地径流量随降雨过程变化相对稳定，可能是玉米本身的截留作用拦蓄了部分降雨造成的。

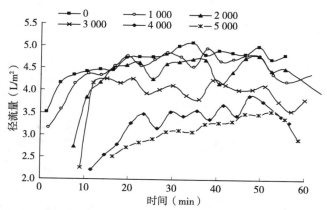

图 8-3　无种植小区不同覆盖量条件下径流量随降雨过程的变化

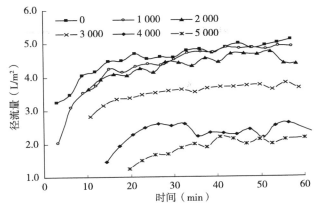

图 8-4　种植玉米小区不同覆盖量条件下径流量随降雨过程的变化

对无种植小区和种植玉米小区不同覆盖量的径流累积过程进行回归分析，发现径流累积过程均呈幂函数 $Q=at^b$ 分布，式中，Q 为累积径流量，t 为降雨历时，其回归方程如下表 8-1。经 t 检验，各方程的偏回归系数 b 的 P 值均为 0.000，按 $\alpha=0.10$ 水平，方程均有显著性意义。无种植作物小区和种植玉米小区均是随着覆盖量增大，方程的回归系数 b 值变大，这种趋势很明显，说明随着覆盖量的增大降雨历时对径流量的影响增大。同一覆盖量时，无种植小区方程的回归系数均小于种植玉米小区方程的回归系数，说明同一覆盖量时种植玉米小区降雨历时对径流的影响大于无种植作物小区降雨历时对径流的影响。

表 8-1　径流量随降雨过程变化的回归方程

处理	覆盖量 （kg/hm²）	回归方程	相关系数	P 值
	0	$Q=0.468t^{1.221}$	0.997	0.000
	1 000	$Q=0.495t^{1.282}$	0.996	0.000
无种植小区	2 000	$Q=0.084t^{1.697}$	0.964	0.000
	3 000	$Q=0.05t^{1.799}$	0.946	0.000
	4 000	$Q=0.014t^{2.064}$	0.968	0.000

（续）

处理	覆盖量（kg/hm²）	回归方程	相关系数	P 值
无种植小区	5 000	$Q=0.004t^{2.326}$	0.963	0.000
种植玉米小区	0	$Q=0.337t^{1.345}$	0.995	0.000
	1 000	$Q=0.173t^{1.531}$	0.988	0.000
	2 000	$Q=0.057t^{1.776}$	0.976	0.000
	3 000	$Q=0.038t^{1.826}$	0.945	0.000
	4 000	$Q=0.004t^{2.256}$	0.973	0.000
	5 000	$Q=0.000\ 5t^{2.786}$	0.956	0.000

8.1.2 不同种植方式秸秆覆盖量对产流产沙过程的影响

对产流产沙过程进行研究可以了解坡地保护性耕作，探究减少水土流失的过程特征，揭示保护性耕作减少水土流失的机理。

8.1.2.1 不同种植方式秸秆覆盖量对产沙量的影响

产沙量的多少是土壤侵蚀的一个直接指标。由秸秆覆盖量不同引起的径流量的变化必将导致产沙量的改变。产沙量随覆盖量的变化趋势同径流量的变化趋势类似，也是各个覆盖量下种植玉米小区的累积产沙量均小于无种植小区的累积产沙量，随着覆盖量的增大，累积产沙量减少，但变化幅度比径流量变化幅度更大。当秸秆覆盖量从 0 增加到 5 000kg/hm² 时，无种植小区累积产沙量减少了88.8%，种植玉米小区累积产沙量减少高达 97.5%。覆盖量相同时，种植玉米小区累积产沙量比无种植小区累积产沙量减少了18.4%～89.1%（图 8-5）。

对累积产沙量进行回归分析：无种植小区，$W_无=997.12e-0.000\ 4C$（$R^2=0.99$），式中，W 为累积产沙量，C 为秸秆覆盖量。回归系数 b 为 $-0.000\ 4$，经 t 检验 b 的 P 值为 0.000，按 $\alpha=0.10$ 水平，回归系数有显著意义，即产沙量与覆盖量的关系可以用指数函数关系描述。$R^2=0.99$ 相关性显著，说明拟合方程的可

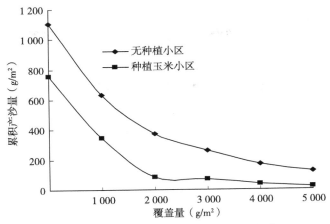

图 8-5　秸秆覆盖量对累积产沙量的影响

靠性较高。种植玉米小区，$W_{玉米}=613.33e-0.000\ 7C$（$R^2=0.955$），式中 W 为累积产沙量，C 为秸秆覆盖量，回归系数 b 为 $-0.000\ 7$，经 t 检验 b 的 P 值为 0.001，按 $\alpha=0.10$ 水平，回归系数有显著意义，即产沙量与覆盖量的关系可以用指数函数关系描述。$R^2=0.955$ 相关性显著，说明拟合方程的可靠性较高。

对比两个方程 $W_{无}=997.12e-0.000\ 4C$ 和 $W_{玉米}=613.33e-0.000\ 7C$，可以看出在无种植小区与种植玉米小区覆盖量的回归系数不同，即降雨过程中，无种植小区与种植玉米小区在同一秸秆覆盖量时对累积产沙量的贡献是不同的。比较覆盖量回归系数的比值：$b_{无}/b_{玉米}=0.000\ 4/0.000\ 7=0.571<1$，但回归系数为负值，说明秸秆覆盖量在无种植小区对径流量的贡献要大于种植玉米小区对径流量的贡献，即秸秆覆盖在种植玉米小区比在无种植小区减少泥沙效果显著。

累积产沙量（W）与累积径流量（Q）之间往往存在着一定的关系，通过对累积产沙量与累积径流量的回归分析发现，它们之间存在着显著的线性相关，其回归方程如表 8-2。经 t 检验，各方程回归系数 b 的 P 值均为 0.000，按 $\alpha=0.10$ 水平，方程均有显著性

意义。表 8-2 可以看出，无种植作物小区和种植玉米小区均是随
着覆盖量的增大，方程的回归系数 b 值减小，这种趋势很明显，说
明随着覆盖量的增大，径流量对泥沙量的贡献在减小，即随着覆盖
量的增大，径流中的泥沙含量在减少。在同一覆盖量时，无种植小
区方程的回归系数均大于种植玉米小区方程的回归系数，说明同一
覆盖量条件下，无种植小区径流量对泥沙量的贡献大于种植玉米小
区径流量对泥沙量的贡献，即同一覆盖时，无种植小区径流中的泥
沙含量大于种植玉米小区径流中的泥沙含量。

表 8-2　累积产沙量与累积径流量的回归方程

处理	覆盖量（kg/hm²）	回归方程	相关系数	P 值
无种植小区	0	$W=10.297Q+260.685$	0.962	0.000
	1 000	$W=6.266Q+149.174$	0.947	0.000
	2 000	$W=4.037Q+87.875$	0.962	0.000
	3 000	$W=3.663Q+25.195$	0.991	0.000
	4 000	$W=3.056Q+24.481$	0.969	0.000
	5 000	$W=2.335Q+20.668$	0.93	0.000
种植玉米小区	0	$W=9.119Q-6.942$	0.997	0.000
	1 000	$W=4.13Q+21.254$	0.990	0.000
	2 000	$W=1.068Q+10.103$	0.963	0.000
	3 000	$W=1.203Q+4.863$	0.967	0.000
	4 000	$W=1.185Q-2.346$	0.988	0.000
	5 000	$W=0.671Q+1.924$	0.979	0.000

8.1.2.2　不同种植方式秸秆覆盖量对产沙过程的影响

不同秸秆覆盖量条件下的侵蚀产沙是一个复杂过程，特别是覆
盖量较小，不能完全将土槽地表覆盖，使得同一土槽不同位置上的
土壤承受的雨滴动能不同，加上秸秆的拦蓄作用，使得模拟降雨条
件下的侵蚀产沙过程相对比较复杂，但总体趋势还是很明显。无种

植小区，覆盖量越大，产沙量越小。在覆盖量为 0、1 000kg/hm² 和 2 000kg/hm² 时，开始时产沙量很大，然后急剧降低，15～20min 后产沙量基本趋于稳定。在覆盖量为 3 000kg/hm²、4 000kg/hm² 和 5 000kg/hm² 时，开始时产沙量不大，随后产沙量急剧增大，随降雨历时的延长逐渐降低，15～20min 后趋于稳定，稳定后产沙过程线几乎重合在一起（图 8-6）。

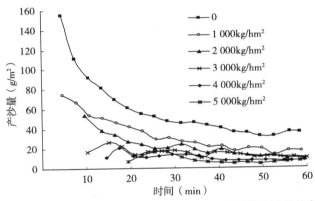

图 8-6　无种植小区不同覆盖量条件下产沙量随降雨过程的变化

　　形成这种现象的原因主要是无覆盖时，雨滴直接击打溅蚀地表，产生很多松散颗粒，随地表径流搬运出坡面，产沙量很大。1 000kg/hm² 和 2 000kg/hm² 时，秸秆只能覆盖住一部分地表，还有部分地表裸露在秸秆覆盖之外，开始降雨时，雨滴首先溅起干燥的土粒，其击打溅蚀作用明显，使地表出现了很多从土体上分离出来的松散土粒，随地表径流搬运出坡面，产沙量很大。但随着降雨过程的继续进行，径流深逐渐增大，在坡面形成薄层水流，雨滴落下的动能先被薄层水流消减一部分后才作用于土壤上，不能直接击打土壤，其击溅侵蚀能力降低。随着雨滴的继续击打，地表土壤开始闭合，形成一层比下部土壤具有更大密度、更高抗剪切力的结皮，抑制了土壤的产沙，因此土壤产沙量急剧降低。随着降雨历时的进一步延长，在 15～20min 时，径流的动态变化减弱产沙量的变化也趋于稳定。覆盖量为 3 000kg/hm²、4 000kg/hm²

和 5 000kg/hm² 时，几乎全部地表被秸秆均匀覆盖，雨滴不能直接击打地表，雨滴的击溅侵蚀能力减弱，降雨初期产沙量很小，随着降雨历时的延长，秸秆的拦截吸收逐渐饱和，地表入渗率下降，径流量增大，因而产沙量也随之增加。随着降雨历时的进一步延长，在 15～20min 时，径流的动态变化减弱，产沙量的变化也趋于稳定。

种植玉米小区，不但覆盖的秸秆可以截留雨滴，削减了雨滴动能，而且玉米本身也可以截留雨滴和削减雨滴动能，使种植玉米小区产沙过程的变化趋势与无种植小区产沙过程的变化趋势不完全相同。在雨强为 120mm/h、坡度为 10°时，种植玉米小区在覆盖量 0、1 000kg/hm²、2 000kg/hm²、3 000kg/hm²、4 000kg/hm² 和 5 000kg/hm² 时产沙量随降雨过程的变化趋势均为：降雨初期，产沙量起点较低，随着降雨过程的进行，产沙量急剧增大，然后逐渐降低并趋于稳定，稳定后产沙过程线几乎重合在一起。种植玉米小区覆盖量大的产沙量变化幅度小，覆盖量小的产沙量变化幅度相对较大。但是其变化幅度均小于没有种植小区产沙量的变化幅度（图 8-7）。这是因为种植玉米小区，雨滴击打到地表秸秆之前，先要

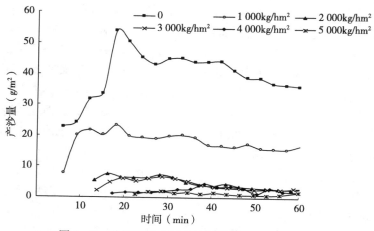

图 8-7　种植玉米小区产沙量随降雨过程的变化

受到玉米的部分截留作用，雨滴动能被削减，对地表土壤的击溅能力小于没有种植小区雨滴对地表土壤的击溅能力。

对产沙累积过程进行回归分析，发现产沙累积过程呈幂函数 $W=at^b$ 分布，式中 W 为累积产沙量，t 为降雨历时，这与径流累积过程与降雨历时的关系相似。其回归方程如表 8-3。经 t 检验，各方程的偏回归系数 b 的 P 值均为 0.000，按 $\alpha=0.10$ 水平，方程均有显著性意义。无种植小区和种植玉米小区随覆盖量增大，方程的回归系数 b 值呈增大趋势，这种趋势很明显，说明无种植小区和种植玉米小区均随着覆盖量的增大，降雨历时对累积产沙量的影响增大。同一覆盖量时，无种植小区方程的回归系数均小于种植玉米小区方程的回归系数，说明同一覆盖量时种植玉米小区的降雨历时对产沙量的影响大于无种植小区降雨历时对产沙量的影响。

表 8-3　产沙量随降雨过程变化的回归方程

处理	覆盖量 （kg/hm²）	回归方程	相关系数	P 值
无种植小区	0	$W=62.827t^{0.72}$	0.986	0.000
	1 000	$W=28.074t^{0.792}$	0.972	0.000
	2 000	$W=7.495t^{0.98}$	0.951	0.000
	3 000	$W=0.937t^{1.414}$	0.959	0.000
	4 000	$W=0.287t^{1.614}$	0.901	0.000
	5 000	$W=0.051t^{1.957}$	0.816	0.000
种植玉米小区	0	$W=1.944t^{1.467}$	0.987	0.000
	1 000	$W=1.054t^{1.492}$	0.951	0.000
	2 000	$W=0.192t^{1.531}$	0.919	0.000
	3 000	$W=0.036t^{1.921}$	0.889	0.000
	4 000	$W=0.001t^{2.58}$	0.969	0.000
	5 000	$W=0.001t^{2.375}$	0.88	0.000

8.2 不同区域土壤保护性耕作的水土保持效应

不同区域的农业耕作土壤，由于土壤母质和成土过程的不同，形成了不同类型的土壤。土壤作为被侵蚀的主要对象，同时也是影响地表径流的重要因素，土壤自身的性质会对水土流失产生影响。通常利用土壤的抗侵蚀性作为衡量土壤抵抗径流侵蚀的能力，用土壤的透水性表示对径流的影响。朱显漠先生把土壤的抗侵蚀性分为抗蚀和抗冲两部分。土壤抗蚀性是指土壤抵抗水的分散和悬移的能力，决定于土壤的分散率、侵蚀率、分散系数、团聚度。主要与土壤中的黏粒组成、有机质含量、胶体性质有关。土壤抗冲性是指土壤抵抗地面径流机械破坏和推移的能力，决定于土质的松紧、厚度、土块在静水中的崩解和冲失情况。主要与土体的紧实度以及植物根系的数量和固结情况有关。土壤渗透性的大小主要取决于土壤结构（孔隙率、孔隙大小、粒径等）和土壤的机械组成等。

不同区域土壤有其各自的形成母质、颗粒组成，其产流产沙特征及产流产沙量也不相同。秸秆覆盖对水土流失的影响也不尽相同，本试验采用模拟降雨的方法，选取关中地区主要耕作土壤塿土、陕北地区主要耕作土壤黄绵土和神木地区风蚀水蚀交错带的主要耕作土壤绵沙土，研究其分别在不同的秸秆覆盖量下的水土保持效应及产流产沙过程特征，为不同地区实行保护性耕作时秸秆覆盖量提供理论依据。

8.2.1 不同区域土壤覆盖量对产流产沙量的影响

8.2.1.1 不同区域土壤覆盖量对产流量的影响

土壤的颗粒组成是影响其水土流失的重要因素。土壤颗粒越均匀，土壤稳定性越差；土壤颗粒越不均匀，土壤越稳定；土壤黏粒含量越高，越不容易发生侵蚀。在雨强 120mm/h、坡度 $10°$ 的情况下，塿土、黄绵土和绵沙土的产流时间均是覆盖量小的先产流，覆盖量大的后产流。覆盖量相同时，产流时间不同，塿土先产流，黄绵土比塿土产流时间稍晚，绵沙土最后产流（图 8-8）。黄绵土的产流时间是塿土产流时间的 1.1～1.5 倍，绵沙土的产流时间是塿土产流时间的 1.8～9.4 倍。说明塿土的入渗性能小于黄绵土小于绵沙土，这主要是由于塿土中沙粒含量 4.8％小于黄绵土沙粒含量 40.6％，小于绵沙土中沙粒含量 72.9％（表 8-4）。而沙粒的孔隙大，透水性高，沙粒含量对土壤的入渗性能起到很大的作用。

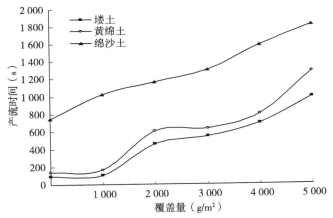

图 8-8　不同土壤类型时覆盖量与产流时间的关系

对不同土壤类型秸秆覆盖量的产流时间进行回归分析：$t_{p塿}=29.476+0.181C$（$R^2=0.956$），式中 t_p 为初始产流时间，C 为秸秆覆盖量。回归系数 b 为 0.181，经 t 检验 b 的 P 值为 0.001，按 $\alpha=0.10$ 水平，回归系数有显著意义，即产流时间与覆盖量的关系可以用线性关系描述。$R^2=0.956$，说明拟合方程的可靠性较高。$t_{p黄绵}=90.81+0.193C$（$R^2=0.941$），式中 t_p 为初始产流时间，C 为秸秆覆盖量。回归系数 b 为 0.193，经 t 检验 b 的 P 值为 0.003，按 $\alpha=0.10$ 水平，回归系数有显著意义，即产流时间与覆盖量的关系可以用线性关系描述。$R^2=0.941$，说明拟合方程的可靠性较高。$t_{p绵沙}=756.48+0.207C$（$R^2=0.986$），式中 t_p 为初始产流时间，C 为秸秆覆盖量。回归系数 b 为 2.067，经 t 检验 b 的 P 值为 0.000，按 $\alpha=0.10$ 水平，回归系数有显著意义，即产流时间与覆盖量的关系可以用线性关系描述。$R^2 = 0.986$ 相关性显著，说明拟合方程的可靠性较高。

比较 3 个方程 $t_{p娄} = 29.476 + 0.181C$、$t_{p黄绵} = 90.81 + 0.193C$ 和 $t_{p绵沙} = 756.48 + 0.207C$ 发现 3 种土壤覆盖量的回归系数不同，说明降雨时覆盖量对娄土、黄绵土和绵沙土产流时间的影响不同。比较娄土、黄绵土、绵沙土覆盖量的回归系数：$b_娄 < b_{黄绵} < b_{绵沙}$，说明相同量的秸秆覆盖，对产流时间的影响表现为娄土小于黄绵土小于绵沙土，可能是由于娄土的透水性小于黄绵土的透水性小于绵沙土的透水性，秸秆覆盖量变化时，透水性差的土壤产流时间变化小，透水性好的土壤产流时间变化大。

同一覆盖量时，娄土的累积径流量大于黄绵土大于绵沙土，但累积径流量随覆盖量变化的趋势基本一致，都是随着覆盖量的增加累积径流量减少。这是因为娄土的入渗性能小于黄绵土小于绵沙土，入渗少的径流量相对较大。覆盖量相同时，黄绵土累积径流量比娄土累积径流量减少 4.2%~15.6%，绵沙土累积径流量比娄土累积径流量减少 33.6%~50.3%。覆盖量从 0 增加到 5 000kg/hm² 时，娄土累积径流量减少了 47.1%，黄绵土累积径流量减少了 50.7%，绵沙土累积径流量减少了 60.3%。随覆盖量的增大，其对累积径流量减少的作用增大。径流量的变化率有很大不同，秸秆覆盖量为 3 000kg/hm² 是娄土和黄绵土径流量变化率的转折点；覆盖量小于 3 000kg/hm² 时，径流量随覆盖量的变化率不是很大；覆盖量大于 3 000kg/hm² 时，径流量随覆盖量的变化率急剧增大。当秸秆覆盖量为 2 000kg/hm² 时，绵沙土就可以有效地减少径流量（图 8 - 9）。由此可以看出，在娄土和黄绵土地区实施秸秆覆盖的保护性耕作时，秸秆覆盖量应该在 3 000kg/hm² 以上才可以有效地减少径流损失，而在绵沙土区域实行秸秆覆盖保护性耕作时，秸秆覆盖量在 2 000kg/hm² 以上就可以有效地减少径流损失。

对不同土壤类型的累积径流量进行回归分析，结果为：$Q_娄 = 93.724 - 0.009\ 1C$（$R^2 = 0.94$），$Q_{黄绵} = 84.851 - 0.008\ 4C$（$R^2 = 0.953$），$Q_{绵沙} = 58.015 - 0.007\ 2C$（$R^2 = 0.99$），式中 Q 为累积径

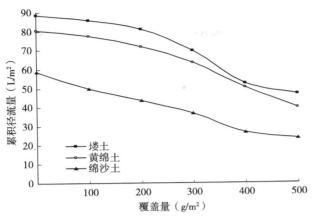

图 8-9　不同土壤类型累积径流量与覆盖量的关系

流量，C 为秸秆覆盖量。方程的回归系数 $b_娄$ 为 $-0.009\ 1$，$b_黄绵$ 为 $-0.008\ 4$，$b_绵沙$ 为 $-0.007\ 2$，经 t 检验的 $b_娄$、$b_黄绵$、$b_绵沙$ 的 P 值分别为 0.001、0.001、0.000，按 $\alpha=0.10$ 水平，回归系数均有显著意义，即产流时间与覆盖量的关系可以用线性关系描述。R^2 分别为 0.94、0.953、0.99，相关性显著，说明各拟合方程的可靠性较高，适用于本试验。

对娄土、黄绵土、绵沙土累积径流量的回归方程 $Q_娄=93.724-0.009\ 1C$、$Q_黄绵=84.851-0.008\ 4C$、$Q_绵沙=58.015-0.007\ 2C$ 进行对比分析，发现覆盖量在娄土、黄绵土、绵沙土的回归系数不同，说明降雨时秸秆覆盖量对 3 种土壤累积径流量的影响不同。比较秸秆覆盖量对 3 种土壤的回归系数的比值，$b_娄/b_黄绵=0.009\ 1/0.008\ 4=1.08>1$，$b_黄绵/b_绵沙=0.008\ 4/0.007\ 2=1.17>1$，但回归系数为负值，说明对娄土进行秸秆覆盖，覆盖量对径流量的影响要小于黄绵土小于绵沙土。

8.2.1.2　不同区域土壤的覆盖量对产沙量的影响

娄土、黄绵土、绵沙土自身性质的差异，导致在相同的降雨条件下，土壤侵蚀的效果不同。覆盖量相同时，娄土的累积产沙量小于黄绵土小于绵沙土，黄绵土的累积产沙量比娄土增加 $39.5\%\sim$

87.9％，绵沙土的累积产沙量比塿土增加 67.1％～94.3％（图 8-10）。这主要是因为塿土的黏粒含量为 25.6％，抗冲性较强；黄绵土的黏粒含量为 13.8％，抗冲性较弱；绵沙土的黏粒含量为 9.3％，抗冲性最弱。塿土随着覆盖量的增大，产沙量减少，当秸秆覆盖量由 0 增加到 5 000kg/hm² 时，塿土的累积产沙量减少 88.8％。黄绵土与绵沙土在秸秆覆盖量小于 3 000kg/hm² 时，随着覆盖量的增加，产沙量减少；秸秆覆盖量大于 3 000kg/hm² 时，产沙量没有随覆盖量的增大而减少，出现不规则的波动。主要是由于黄绵土与绵沙土的沙粒含量高，而黏粒含量低，其抗冲性和抗蚀性较差。产沙量的变化主要受两方面的影响，一方面是径流量的变化引起产沙量的变化，另一方面是土壤自身的性质引起产沙量的变化。随着覆盖量的增加，水分入渗增加，水分入渗的增加引起径流量的减少，导致产沙量减少，同时水分入渗的增加引起土壤稳定性减弱导致产沙量增加。在本试验中，当秸秆覆盖量小于3 000kg/hm² 时，随覆盖量的增加，径流量的减少导致的产沙量的减少量大于土壤稳定性减弱导致的产沙量的增大量，所以黄绵土与绵沙土在秸秆覆盖量小于 3 000kg/hm² 时，随着覆盖量的增加，产沙量在减少；当秸秆覆盖量大于 3 000kg/hm² 时，随覆盖量的增加，径流量的减少导致产沙量的减少量不能大于土壤稳定性减弱导致产沙量的增大量，所以产沙量没有随覆盖量的增大而减少。由于秸秆对泥沙的拦截和释放的作用，导致产沙量出现波动的趋势。因此在塿土区域实行秸秆覆盖的保护性耕作时，秸秆覆盖量小于3 000kg/hm² 时减沙效应不明显，应使覆盖量大于 3 000kg/hm²，才可以起到明显的减沙效应。而在黄绵土和绵沙土区域实行秸秆覆盖的保护性耕作时，由于土壤的抗冲性和抗蚀性较差，覆盖量大于3 000kg/hm² 时，大量增加的水分入渗会造成土壤稳定性的减弱，造成沟蚀的发生，不能有效地减少侵蚀产沙。因此在黄绵土和绵沙土区域不宜实行单纯的秸秆覆盖，而应与留茬等保护性耕作措施结合起来。黄绵土和绵沙土区域的秸秆留茬效应有待进一步深入研究。

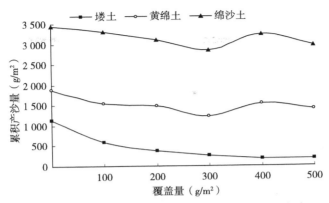

图 8-10　不同土壤类型累积产沙量与覆盖量的关系

　　对不同区域土壤的累积产沙量进行回归分析，结果为：$W_{搂}=997.12e^{-0.0004C}$（$R^2=0.99$），式中 W 为累积产沙量，C 为秸秆覆盖量。回归系数 b 为-0.0004，经 t 检验 b 的 P 值为 0.000，按 $\alpha=0.10$ 水平，回归系数有显著意义，即产沙量与覆盖量的关系可以用指数函数关系描述。$R^2=0.99$ 相关性显著，说明拟合方程的可靠性较高。黄绵土和绵沙土由于土壤的抗冲抗蚀性较差，降雨后期土壤被冲垮，产沙量剧增，用线性、二次曲线、三次曲线、幂、指数等函数形式均不能很好拟合，拟合出的方程在 $\alpha=0.10$ 水平上均不显著。

　　通过对累积产沙量（W）与累积径流量（Q）的回归分析，发现搂土和黄绵土累积径流量和累积产沙量之间存在着显著的线性相关，而绵沙土的累积产沙量随累积径流量增加不再呈一元线性增加，而是呈指数函数增加（表 8-5）。经 t 检验，各方程的回归系数 b 的 P 值均为 0.000，按 $\alpha=0.10$ 水平，方程均有显著性意义。随搂土覆盖量的增大，方程的回归系数 b 值减小，说明随覆盖量的增大，径流量对泥沙量的贡献在减小，即随着覆盖量的增大，径流中的泥沙含量在减少。黄绵土和绵沙土随覆盖量增大，方程的回归系数 b 值增大，说明随着覆盖量的增大，径流量对泥沙量的贡献在增大，即随着覆盖量的增大，径流中的泥沙含量在增大。

表 8-5　累积径流量与累积产沙量回归方程

土壤	覆盖量（kg/hm²）	回归方程	相关系数	P 值
塿土	0	$W=10.297Q+260.685$	0.962	0.000
	1 000	$W=6.266Q+149.174$	0.947	0.000
	2 000	$W=4.037Q+87.875$	0.962	0.000
	3 000	$W=3.663Q+25.195$	0.991	0.000
	4 000	$W=3.056Q+24.481$	0.969	0.000
	5 000	$W=2.335Q+20.668$	0.93	0.000
黄绵土	0	$W=19.271Q+453.732$	0.960	0.000
	1 000	$W=20.11Q+95.988$	0.990	0.000
	2 000	$W=20.421Q+118.262$	0.998	0.000
	3 000	$W=20.297Q+40.7$	0.980	0.000
	4 000	$W=28.662Q+113.585$	0.982	0.000
	5 000	$W=33.143Q+73.037$	0.986	0.000
绵沙土	0	$W=21.647Q+382.57$	0.756	0.000
	1 000	$W=47.373e^{0.087Q}$	0.902	0.000
	2 000	$W=72.618e^{0.09Q}$	0.969	0.000
	3 000	$W=80.059e^{0.097Q}$	0.943	0.000
	4 000	$W=3.666e^{0.251Q}$	0.916	0.000
	5 000	$W=48.656e^{0.225Q}$	0.954	0.000

8.2.2　不同区域土壤覆盖量对产流产沙过程的影响

8.2.2.1　不同区域土壤的覆盖量对产流过程的影响

覆盖量相同时，塿土最先产流，黄绵土次之，绵沙土最后产流。塿土、黄绵土、绵沙土的径流量过程变化的趋势都是覆盖量小的先产流，覆盖量大的后产流，且覆盖量小的径流量大，覆盖量大的径流量小。随降雨历时的延长，径流量总体上均呈现增大的趋势，塿土在开始产流后的 15min 内增加很快，以后逐步变缓，并逐渐趋向于稳定（图 8－11），黄绵土在开始产流后的 20min 内增加很快，以后逐步变缓，并趋于稳定（图 8－12）。绵沙土在开始产流后的 33min 内增加很快，以后逐步变缓，并趋于稳定。秸秆覆盖量大于 3 000kg/hm² 时，降雨结束离产流时间不到入渗率达到稳定的时间，径流量随降雨历时的增加一直呈现增加的趋势（图 8－13）。径流量随降雨过程呈现出这种变化的主要原因是垆土的入渗能力小于黄绵土和绵沙土，入渗率达到稳定需要的时间垆土小于黄绵土小于绵沙土。

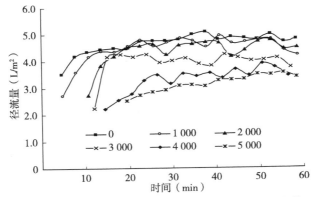

图 8－11　垆土不同覆盖量时径流量随降雨过程的变化

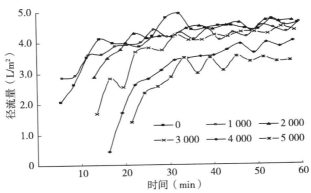

图 8－12　黄绵土不同覆盖量时径流量随降雨过程的变化

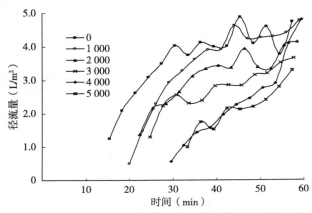

图 8-13　绵沙土不同覆盖量时径流量随降雨过程的变化

　　对不同区域土壤覆盖量的径流过程进行回归分析，发现径流量累积过程呈幂函数分布 $Q=at^b$（Q 为径流量，t 为降雨时间），其回归方程如表 8-6。经 t 检验，各方程的回归系数 b 的 P 值均为 0.000，按 $\alpha=0.10$ 水平，方程均有显著性意义。堘土、黄绵土、绵沙土均随着覆盖量增大，方程的回归系数 b 值变大，说明随着覆盖量的增大，降雨历时对累积径流量的影响增大。覆盖量相同时，堘土的回归系数小于黄绵土和绵沙土，说明降雨历时对累积径流量的影响堘土小于黄绵土小于绵沙土。

表 8-6　径流量随降雨过程变化的回归方程

土壤类型	覆盖量（kg/hm²）	回归方程	相关系数	P 值
堘土	0	$Q=0.468t^{1.221}$	0.997	0.000
	1 000	$Q=0.495t^{1.282}$	0.996	0.000
	2 000	$Q=0.084t^{1.697}$	0.964	0.000
	3 000	$Q=0.05t^{1.799}$	0.946	0.000
	4 000	$Q=0.014t^{2.064}$	0.968	0.000
	5 000	$Q=0.004t^{2.326}$	0.963	0.000

（续）

土壤类型	覆盖量（kg/hm^2）	回归方程	相关系数	P 值
黄绵土	0	$Q=0.229t^{1.457}$	0.992	0.000
	1 000	$Q=0.313t^{1.363}$	0.995	0.000
	2 000	$Q=0.031t^{1.938}$	0.970	0.000
	3 000	$Q=0.009t^{2.223}$	0.945	0.000
	4 000	$Q=0.000\,2t^{3.041}$	0.910	0.000
	5 000	$Q=0.000\,2t^{3.123}$	0.942	0.000
绵沙土	0	$Q=0.002t^{2.624}$	0.960	0.000
	1 000	$Q=0.000\,1t^{3.217}$	0.926	0.000
	2 000	$Q=0.000\,044\,t^{3.386}$	0.953	0.000
	3 000	$Q=0.000\,017\,t^{3.737}$	0.940	0.000
	4 000	$Q=0.000\,000\,041\,t^{5.011}$	0.958	0.000
	5 000	$Q=0.000\,000\,041\,t^{4.983}$	0.947	0.000

8.2.2.2 不同区域土壤的覆盖量对产沙过程的影响

产沙过程相对比较复杂，与产流过程趋势不完全一致。覆盖量从 0 增加到 5 000kg/hm² 时，塿土的产沙过程分为两种趋势。一种是覆盖量为 0、1 000kg/hm² 和 2 000kg/hm² 时，降雨初期产沙量很大，然后急剧降低，15～20min 产沙量基本趋于稳定。由于覆盖量为 0、1 000kg/hm² 和 2 000kg/hm² 时，大部分地表裸露在秸秆覆盖之外，开始降雨时，大部分雨滴没有经过秸秆的拦截，直接击打在地表土壤上，其击打溅蚀作用明显，使地表出现了很多从土体上分离出来的松散土粒，随地表径流搬运出坡面，产沙量很大。随着降雨历时的延长，大量地表松散细颗粒物质被径流冲刷走，地面细颗粒物质补给能力相对减弱，产沙量减少，随着降雨的继续，地面细颗粒物质补给能力相对较低，此时产沙量大小由径流量决定，这一阶段的径流变化趋于稳定，所以产沙量的变化也趋于稳定。另一种为覆盖量 3 000kg/hm²、4 000kg/hm² 和 5 000kg/hm² 时，降雨初期产沙量不大，随降雨历时的延长产沙量迅速增大，到达顶峰后逐渐降低，15～20min 后趋于稳定（图 8‐14）。由于覆盖量为 3 000kg/hm²、4 000kg/hm² 和 5 000kg/hm² 时，几乎全部地表被秸秆均匀覆盖，大部分雨滴经秸秆的阻拦而下渗到地表，不能直接对地表打击，其击溅侵蚀能力减弱，降雨初期产沙量很小，随着降雨历时的延长，径流增大，因而产沙量也随之增加。随着降雨历时的进一步延长，径流量趋于稳定，产沙量的变化也趋于稳定。

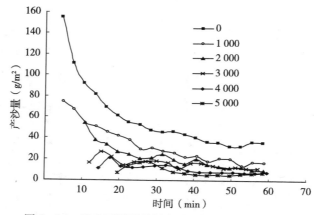

图 8‐14　塿土不同覆盖量产沙量随降雨过程的变化

覆盖量从 0 增加到 5 000kg/hm² 时，黄绵土的产沙过程也分为两种趋势。一种是在覆盖量为 0、1 000kg/hm² 和 2 000kg/hm² 时，降雨初期产沙量很大，然后急剧降低，降低后并没有趋于稳定，而是上下波动。另一种是覆盖量为 3 000kg/hm²、4 000kg/hm² 和 5 000kg/hm² 时，降雨初期产沙量不大，随降雨历时的延长产沙量迅速增大，到达顶峰后逐渐降低，降低后没有趋于稳定，而是上下波动（图 8‐15）。黄绵土出现这种产沙趋势的原因与塿土的原因相似，而出现波动主要是由于黄绵土的黏粒含量 13.8%，沙粒含量 40.6%，抗冲性和抗蚀性较差。随着降雨的延续，大量水分入渗到土壤中，土壤的稳定性降低造成在某一点上土壤的突然崩塌，所以产沙量不是趋于稳定而是上下波动。

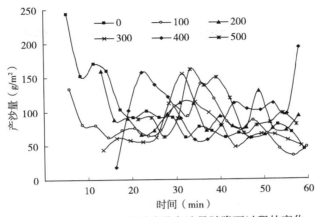

图 8-15 黄绵土不同覆盖量产沙量随降雨过程的变化

覆盖量从 0 增加到 5 000kg/hm² 时，绵沙土在降雨初期产沙量不大，然后迅速增大，随着降雨历时的延长，产沙量逐渐降低，并趋于稳定，到降雨的后期阶段产沙量急剧增大（图 8-16）。绵沙土的黏粒含量 9.3%，沙粒含量 72.9%，其入渗性很好，但抗冲抗蚀性很差。降雨前期，大部分降雨入渗到土壤，地表的径流量很小，所以产沙量也比较少。随着降雨历时的延长，地表入渗减弱，径流增加，产沙量开始增大，随后一个阶段，大量地表松散细颗粒

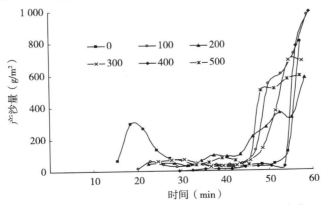

图 8-16 绵沙土不同覆盖量产沙量随降雨过程的变化

物质被径流冲刷走，地面细颗粒物质补给能力相对减弱，土壤入渗趋于稳定。径流量的变化也趋于稳定，所以产沙量降低并趋于稳定。到降雨的后期阶段，由于水分的大量入渗，造成土壤的稳定性降低，出现大面积的垮塌，产沙量急剧增大。随着覆盖量的增大，土壤出现垮塌的时间在提前。这是由于覆盖量的增大，水分入渗量随之增加，土壤的稳定性降低较快。

对不同区域土壤在不同覆盖量条件下的产沙过程进行回归分析，发现累积产沙过程均呈幂函数分布，其回归方程如表 8 - 7。经 t 检验，各方程的回归系数 b 的 P 值均为 0.000，按 $\alpha = 0.10$ 水平，方程均有显著性意义。方程中 W 为累积产沙量，t 为降雨历时，从表 8 - 7 可以看出，同一土壤类型时，随着覆盖量的增大，方程的回归系数 b 值呈增大趋势，说明随着覆盖量的增大降雨历时对累积产沙量的影响增大。覆盖量相同时，墣土的回归系数小于黄绵土小于绵沙土，说明降雨历时对累积径流量的影响墣土小于黄绵土小于绵沙土。

表 8 - 7　产沙量随降雨过程变化的回归方程

土壤类型	覆盖量（kg/hm²）	回归方程	相关系数	P 值
墣土	0	$W = 62.827t^{0.72}$	0.986	0.000
	1 000	$W = 28.074t^{0.792}$	0.972	0.000
	2 000	$W = 7.495t^{0.98}$	0.951	0.000
	3 000	$W = 0.937t^{1.414}$	0.959	0.000
	4 000	$W = 0.287t^{1.614}$	0.901	0.000
	5 000	$W = 0.051t^{1.957}$	0.816	0.000
黄绵土	0	$W = 78.546t^{0.793}$	0.982	0.000
	1 000	$W = 20.054t^{1.075}$	0.996	0.000
	2 000	$W = 4.475t^{1.447}$	0.993	0.000
	3 000	$W = 0.26t^{2.142}$	0.958	0.000
	4 000	$W = 0.047t^{2.637}$	0.816	0.000
	5 000	$W = 0.042t^{2.615}$	0.953	0.000

（续）

土壤类型	覆盖量（kg/hm²）	回归方程	相关系数	P 值
绵沙土	0	$W=2.751t^{1.604}$	0.689	0.000
	1 000	$W=0.000\ 3t^{3.836}$	0.917	0.000
	2 000	$W=0.000\ 7t^{3.585}$	0.991	0.000
	3 000	$W=0.000\ 1t^{4.109}$	0.915	0.000
	4 000	$W=4.86E-14t^{9.166}$	0.944	0.000
	5 000	$W=9.55E-11t^{7.638}$	0.981	0.000

8.3 小结

本章通过模拟降雨试验，对种植玉米小区和没有种植小区不同秸秆覆盖量，以及不同土壤类型的产流产沙量和产流产沙过程进行了研究。结果表明：

（1）无种植小区和种植玉米小区秸秆覆盖时，产流时间都是覆盖量越大，产流时间越晚。无种植小区，覆盖量5 000kg/hm²时，产流时间是覆盖量为 0 时的 10.6 倍；种植玉米小区，覆盖量5 000kg/hm² 时，产流时间是覆盖量为 0 时的 6.4 倍。覆盖量相同时种植玉米小区的产流时间是无种植小区产流时间的1.2~2 倍。

（2）无种植小区和种植玉米小区秸秆覆盖时，累积径流量随覆盖量变化的趋势基本一致，都是随着覆盖量的增加累积径流量急剧减少。覆盖量从 0 增加到 5 000kg/hm² 时，无种植小区累积径流量减少 47.1％，种植玉米小区累积径流量减少 57.9％。覆盖量相同时，种植玉米小区累积径流量比无种植小区累积径流量减少 2.8％~33.4％。

（3）无种植小区和种植玉米小区秸秆覆盖时，产沙量也是随着覆盖量的增大而减少。当秸秆覆盖量从 0 增加到 5 000kg/hm² 时，无种植小区产沙量减少了 88.8％，种植玉米小区产沙量减少了 97.5％。覆盖量相同时，种植玉米小区产沙量比无种植小区产沙量减少了 18.4%～89.1%。

（4）无种植小区和种植玉米小区，径流过程变化趋势基本一致。都是随降雨历时的延长，径流量总体上都呈现出增大的趋势，在开始产流后的 10～15min 内增加很快，以后逐步变缓。无种植小区，覆盖量小于 3 000kg/hm² 时，径流量随降雨过程变化不稳定，径流量波动较大。覆盖量为 4 000kg/hm² 和 5 000kg/hm² 时，径流量随降雨过程变化相对平稳，波动较小。种植玉米小区径流量随降雨过程变化相对平稳。径流累积过程均呈幂函数 $Q=at^b$ 分布。

（5）无种植小区，覆盖量为 0、1 000kg/hm² 和 2 000kg/hm² 时，降雨初期产沙量很大，然后急剧降低，产沙量基本趋于稳定。覆盖量为 3 000kg/hm²、4 000kg/hm² 和 5 000kg/hm² 时，降雨初期产沙量不大，随后产沙量急剧增大，随降雨历时的延长逐渐降低，并趋于稳定。种植玉米小区，各覆盖量时，产沙量变化趋势基本一致。降雨初期产沙量较低，随着降雨过程的进行，产沙量急剧增大，然后逐渐降低，并趋于稳定。产沙累积过程呈幂函数 $W=at^b$ 分布。

（6）娄土、黄绵土和绵沙土的产流时间均是覆盖量小的先产流，覆盖量大的后产流。同一覆盖量时，黄绵土的产流时间是娄土产流时间的 1.1～1.5 倍，绵沙土的产流时间是娄土产流时间的 1.8～9.4 倍。

（7）娄土、黄绵土和绵沙土的累积径流量随覆盖量的增加而减少。覆盖量从 0 增加 5 000kg/hm² 时，娄土的累积径流量减少了 47.1%，黄绵土的累积径流量减少了 50.7%，绵沙土的累积径流量减少了 60.3%。覆盖量相同时，黄绵土累积径流量比娄土减少 4.2%～15.6%，绵沙土累积径流量比娄土减少 33.6%～50.3%。

（8）娄土随着覆盖量增大，累积产沙量减少。覆盖量从 0 增加 5 000kg/hm² 时，娄土的累积产沙量减少了 88.8%。黄绵土与绵沙土在降雨后期被冲垮，产沙量无明显减少。覆盖量相同时，黄绵土的累积产沙量比娄土增加了 39.5%～87.9%，绵沙土的累积产沙量比娄土增加了 67.1%～94.3%。

（9）垆土、黄绵土、绵沙土随降雨时间的延长，径流量总体上均呈现出增大的趋势。垆土在开始产流后的 15min 内增加很快，以后逐步变缓，并基本趋于稳定。黄绵土在开始产流后的 20min 内增加很快，以后逐步变缓，并基本趋于稳定。绵沙土在开始产流后的 33～36min 内增加很快，以后逐步变缓，并基本趋于稳定。在同一覆盖量时，垆土最先产流，黄绵土次之，绵沙土最后产流。垆土、黄绵土、绵沙土的径流累积过程呈幂函数分布。

（10）产沙过程相对比较复杂。垆土在覆盖量为 0、1 000kg/hm² 和 2 000kg/hm² 时，降雨初期产沙量很大，然后急剧降低，15～20min 产沙量基本趋于稳定；覆盖量 3 000kg/hm²、4 000kg/hm² 和 5 000kg/hm² 时，降雨初期产沙量不大，随降雨历时的延长产沙量迅速增大，到达顶峰后逐渐降低，15～20min 后趋于稳定，稳定后产沙过程线几乎重合在一起。黄绵土在覆盖量为 0、1 000kg/hm² 和 2 000kg/hm² 时，降雨初期产沙量很大，然后急剧降低，降低后并没有趋于稳定，而是上下波动；覆盖量为 3 000kg/hm²、4 000kg/hm² 和 5 000kg/hm² 时，降雨初期产沙量不大，随降雨历时的延长产沙量迅速增大，到达顶峰后逐渐降低，降低后没有趋于稳定，而是上下波动。绵沙土降雨初期产沙量不大，然后迅速增大，随着降雨历时的延长，产沙量逐渐降低，并趋于稳定，到降雨的后期阶段产沙量急剧增大。

9

结　　论

　　保护性耕作能够有效延缓地表径流产生，削弱径流强度，减少土壤侵蚀，是解决黄土高原地区严重水土流失问题积极有效的水土保持措施。为明确保护性耕作的水土保持效益，本文通过人工模拟降雨，研究了不同保护性耕作技术措施对产流产沙量和产流产沙过程的影响，综合评价保护性耕作的水土保持效应。针对黄土高原地区严重的水土流失问题，开展保护性耕作是积极有效的水土保持措施。保护性耕作可以有效地增加水分入渗，减少地表径流，减轻土壤侵蚀，改善生态环境。为研究保护性耕作的水土保持效益和机理，本文利用土槽径流小区系统，研究谷子留茬及小麦留茬减少坡地水土流失的效益，以及秸秆覆盖在种植玉米条件下减少水土流失的效益和对产流、产沙过程特征的影响。针对黄土高原地区严重的水土流失问题，开展保护性耕作是积极有效的水土保持措施。保护性耕作可以有效地增加水分入渗，减少地表径流，减轻土壤侵蚀，改善生态环境。为研究保护性耕作的水土保持效益和机理，本文利用土槽径流小区系统，研究不同秸秆覆盖量和在不同种植方式条件下减少水土流失的效益和对产流、产沙过程特征的影响。主要结论和建议如下。

9.1　秸秆覆盖和留茬对水土流失的影响

　　秸秆覆盖和留茬是影响产流产沙量的重要因素，不同覆盖留茬措施均可减弱地表径流和土壤侵蚀强度。不同土壤类型下，低覆盖高留茬对地表径流的抑制效果最明显，覆盖对土壤侵蚀的抑制效果最明显，留茬的水土保持效应相对较弱；秸秆覆盖和留茬对地表径流的削弱在土壤类型为黑垆土时表现较为突出，对土壤侵蚀的削弱在不同土壤类型下差别不大。种植玉米时，不同生育期内低覆盖高留茬减弱水土流失的效果最明显，同时秸秆覆盖和留茬的水土保持效应在玉米拔节期表现较为突出。

同等秸秆用量下，覆盖结合留茬在不同土壤类型、玉米不同生育期的水土保持效应均较留茬明显。不同土壤类型下，低覆盖高留茬的保水效应较覆盖明显，保土效应较覆盖略有不及，种植玉米时低覆盖高留茬的保水保土作用均较覆盖更为有效。不同土壤类型下，高覆盖低留茬的水土保持效应较覆盖明显减弱，种植玉米时高覆盖低留茬的保水效应不及覆盖，保土效应较覆盖略为明显。

秸秆覆盖和留茬对产流产沙过程也有重要影响，不同覆盖留茬措施下的产流产沙趋势存在差异。在降雨初期，留茬的产流率稳定快，产沙率上升幅度大，且在降雨中后期起伏波动相对剧烈。覆盖、低覆盖高留茬和高覆盖低留茬的产流产沙趋势较为接近，在降雨初期产流率持续上升过程历时较长，产沙率则没有明显上升，产流产沙趋势均相对稳定。

9.2　耕翻不同面积对水土流失的影响

耕翻不同面积对产流产沙量有明显影响。在相同雨强和坡度条件下，耕翻相较于免耕能够有效延缓地表径流的产生，耕翻面积越大，初始产流越晚。耕翻对径流量的影响因雨强和坡度的不同而较为复杂，雨强较小时，耕翻的径流量较免耕有不同程度增加；雨强较大时，耕翻和免耕之间径流量的差异趋于减小，在耕翻30％和耕翻70％时出现径流量较免耕减小的情况。总体而言，耕翻50％时径流量较免耕增加最明显，耕翻30％时径流量和免耕差异最小。耕翻相较于免耕产沙量均有明显增加，耕翻30％和耕翻50％增幅相对较小，耕翻70％时产沙量出现急剧增加。耕翻不同面积对地表径流的影响在坡度为15°时表现最明显，对土壤侵蚀的影响在坡度为10°时表现最明显。耕翻30％和全耕有利于保水，在保土方面，耕翻面积越小，越有利于保土。综合而言，耕翻面积为30％时水土保持效益最好。

耕翻不同面积对产流产沙趋势的影响在不同雨强下表现存在差异。雨强为90mm/h时，免耕的产流率稳定最快，耕翻30％和耕翻50％产流率趋于稳定的时间略有延长，耕翻70％和全耕产流率持续上升过程历时最长；雨强为120mm/h时，不同耕翻面积降雨初期的产流趋势相差不大。免耕和耕翻30％的稳定产流率基本一致，耕翻50％、耕翻70％和全耕的稳定产流率较为接近。

雨强和坡度也是影响产流产沙的重要因素。坡度越大，水土流失越严重，在坡度由5°增大到10°时表现较为明显。相同雨强和耕翻面积下，随坡度的增加，初始产流加快，产沙量增多，坡度由5°增大到10°时变化幅度较大，坡度由10°增大到15°时变化幅度出现下降。坡度由5°增大到10°，径流量增多，坡度由10°增加到15°，免耕和耕翻30％的径流量有小幅减少，耕翻50％和耕翻70％的径流量的增幅出现下降，全耕的径流量则无明显变化。

耕翻面积和坡度相同时，雨强越大，初始产流越快，产流产沙量越多，水土流失越严重，耕翻70％时雨强变化对地表径流的影响最小，全耕时雨强变化对土壤侵蚀的影响最小。

9.3 高留茬时玉米不同种植密度对水土流失的影响

植被覆盖度是影响土壤侵蚀的主要因素之一，玉米作为地表覆盖物，其种植密度直接决定农田植被覆盖度，因此玉米种植密度也是影响产流产沙量和产流产沙过程的重要因素。种植密度由2 600到5 200株/亩递增，初始产流减慢，产流产沙量减少；种植密度由5 200到7 800株/亩递增，初始产流加快，径流量增加，产沙量情况存在差异。小麦高留茬下，玉米种植密度为 5 200 株/亩时，地表径流的产生最慢，产流产沙量最少，水土保持效益明显。

在玉米抽穗期不同种植密度之间的产流产沙情况差异最明显。种植密度相同时，不同生育期内的水土流失情况存在差异。生育期由苗期推进到拔节期，地表径流强度减弱；生育期由拔节期推进到抽穗期，地表径流强度增强。土壤侵蚀强度随生育期的推进而逐渐减弱。

9.4　留茬对水土流失的影响

留茬可以推迟径流的产生时间，随着谷子留茬高度增加，产流时间延后越长；同一留茬高度条件下，坡度与产流时间成反比。小麦高留茬条件下，在坡度为 1°～10°时，黄绵土和绵沙土的产流时间随坡度增加变化趋势基本一致。随着坡度继续增加产流时间变短，达到 15°时，产流时间较 10°出现延迟。

作物留茬能够减少坡面产流总量和产沙总量，并影响产流产沙过程。谷子留茬高度达到 10cm 以上时，显著减少坡面径流总量。坡度为 5°时，留茬处理相对裸地减少径流深 15.47%，相对其他坡度减流效果最佳。小麦高留茬条件下，黄绵土与绵沙土坡面径流深与产沙总量随着坡度增加均表现为 1°～10°坡度范围内增加，15°时减少。

产沙总量随谷子留茬高度的增加而降低。茬高 5cm 时，产沙总量显著低于对照产沙量；茬高 10cm 与茬高 15cm 坡地产沙量较茬高 15cm 坡地产沙量减少，但未达到显著水平。5°、10°、15°坡度条件下，留茬处理产沙总量均显著低于对照区产沙量，且随着坡度的增加，留茬减少坡面产沙总量的效应提高。小麦高留茬坡地产沙总量随着坡度增加，在 1°～10°坡度范围内，产沙总量随坡度增加而增大；坡度 15°时，产沙量较 10°坡度的产沙总量减少。

留茬条件下，累积产流量与累积产沙量之间呈幂函数关系：$W_{累积} = aQ_{累积}^b$，茬高 5cm 以上，径流对泥沙的贡献大。在茬高

10cm 条件下，方程回归系数随着坡度的增加而减小，留茬高度一定时，径流对泥沙的增幅随着坡度的增加而减小。小麦高留茬条件下，黄绵土、绵沙土累积产沙过程呈幂函数 $W = at^b$ 分布。$1°\sim10°$ 坡度范围内，坡度对产沙过程影响大于小麦留茬对产沙过程的影响；$15°$ 时，小麦留茬对产沙量的影响超过坡度对产沙量动态变化的影响。小麦高留茬将侵蚀临界坡度控制在 $10°\sim15°$，较裸地降低 $10°$ 左右。

9.5 秸秆覆盖对水土流失的影响

秸秆覆盖可以延迟坡面初始产流的时间，黄绵土条件下，延迟产流时间 $14.3\%\sim54.5\%$；绵沙土条件下，可延长产流时间 $18.9\%\sim88.1\%$。

黄绵土条件下，秸秆覆盖不同时期玉米地径流深相对无覆盖同时期玉米的径流深减少 $5.7\%\sim15.6\%$，产沙总量减少 $55.26\%\sim72.63\%$；在玉米拔节期及穗期秸秆覆盖坡地径流深显著低于无覆盖区的径流深，减沙效果在玉米各个生长期均达到显著水平；秸秆覆盖在玉米不同生长期，减少径流深 $15.4\%\sim31.93\%$，减少产沙总量 $54.69\%\sim77.78\%$，在玉米各个生长期秸秆覆盖均能够显著减少坡面产流产沙总量。

秸秆覆盖下各时段累积产流量及各时段累积产沙量呈线性函数关系：$W_{累积} = aQ_{累积} + b$（$W_{累积}$ 为累积产沙量，$Q_{累积}$ 为累积产流量），方程回归系数随玉米的生长而减小。在同种土壤、相同地表处理措施条件下，随着玉米的生长，径流量对泥沙量的贡献逐渐减小。

9.6 不同坡度和不同留茬高度对水土流失的影响

坡度是影响水土流失的重要因子，小麦收割后留茬高度也会对产流产沙量产生一定影响。同一坡度时随留茬高度的增加，产流时间延长，累积径流量降低，累积产沙量降低。同一留茬高度时随坡度的增大产流时间缩短，累积产沙量逐渐增大，累积径流量在坡度小于 10°时，随坡度增大而增大；当坡度大于 10°时，随坡度增大而减少。累积产流量与留茬高度之间呈线性关系，累积产沙量与留茬高度之间呈负指数关系。

坡度和留茬高度都会对产流产沙过程造成一定的影响，但坡度对产流产沙过程的影响要大于留茬高度对产流产沙过程的影响。径流量累积过程与产沙累积过程均呈幂函数分布。

9.7　不同区域土壤秸秆覆盖量对水土流失的影响

土壤作为被侵蚀的主要对象，同时也是影响地表径流的重要因素，土壤自身的性质会对水土流失产生影响。同一覆盖量时，黄绵土的产流时间是塿土的 1.1～1.5 倍，绵沙土的产流时间是塿土的 1.8～9.4 倍。黄绵土累积径流量比塿土减少 4.2%～15.6%，绵沙土累积径流量比塿土减少 33.6%～50.3%。黄绵土的累积产沙量比塿土增加了 39.5%～87.9%，绵沙土的累积产沙量比塿土增加了 67.1%～94.3%。覆盖量从 0 增加 5 000kg/hm² 时，塿土的累积径流量减少了 47.1%，黄绵土减少了 50.7%，绵沙土减少了 60.3%；塿土累积产沙量减少 88.8%，黄绵土与绵沙土降雨后期被冲垮，累积产沙量无明显减少。

塿土、黄绵土、绵沙土随降雨时间的延长，径流量均呈现出增大的趋势。塿土的产沙量先增大后减小，最后趋于稳定；黄绵土的产沙量先增大后减小，降雨后期上下波动没有趋于稳定；绵沙土的产沙量先增大后减小，减小后稳定了一段时间，到降雨的后期突然急剧增大。塿土、黄绵土、绵沙土的径流累积过程与累积产沙过程均呈幂函数分布。

覆盖和留茬对防止水土流失有重要的作用，特别是作物收获后的休闲裸地，实行秸秆覆盖和留茬都能起到一定的减少水土流失的效果。秸秆覆盖量 3 000kg/hm² 是径流和产沙变化率的转折点，保护性耕作实行秸秆覆盖时，应使覆盖量在 3 000kg/hm² 以上可以有效地减少水土流失。留茬高度小于 15cm 时减少水土流失的效果不明显，最低留茬高度应在 15cm 以上，才能有效减少水土流失。

黄土高原不同土壤类型区域实行保护性耕作时，秸秆覆盖量对水土流失的影响有一定的差异。在塿土区域实行保护性耕作时，秸秆覆盖量应在 3 000kg/hm² 以上，可以有效地减少水土流失；且覆盖量越大，减少水土流失的效果越好。而在黄绵土和绵沙土地区实行保护性耕作时，秸秆覆盖量在 3 000kg/hm² 以上可以明显减少径流损失，但由于其抗冲性和抗蚀性较差，不能有效地减少产沙量。在绵沙土和黄绵土地区单纯秸秆覆盖不能起到很好的减少水土流失的效果，秸秆覆盖应与留茬等保护性耕作措施结合起来。

9.8　建议

（1）推广低覆盖高留茬耕作方式。秸秆覆盖和留茬高度对于水土保持均具有较好的作用，其中覆盖和留茬相结合的方式更有利于水土保持，对初始产流时间、产流量、产沙量均有较好的影响。建议生产实践中侧重采取低覆盖结合高留茬作业。

（2）鼓励免耕作用方式。不同耕翻面积的径流量较免耕均有增加，耕翻面积越大，产流量和产沙量越多。水土流失高发的区域种植作物时可采用免耕作业。

（3）合理密植。小麦高留茬条件下，玉米种植密度对产流产沙影响明显。种植密度由 2 600 株/亩增大到 5 200 株/亩时，产流量和产沙量逐渐减少；种植密度继续增加至 7 800 株/亩时，产流产沙量持续增多。种植密度为 5 200 株/亩时，产流产沙量最少，最有利于水土保持。

（4）减少对坡地的开垦。随着坡度的增加，耕种区水土流失逐渐增强；同时坡地机械化作业难度大，收益小。建议减少对坡地的开发，加强对坡地植被的保护。

参 考 文 献

艾海舰，2002. 土壤持水性及孔性的影响因素浅析 [J]. 干旱地区农业研究，20 (3)：74-79.

蔡典雄，张志田，高绪科，等，1995. 半湿润偏旱区旱地麦田保护性耕作技术研究 [J]. 干旱地区农业研究，13 (4)：67-74.

蔡强国，1989. 坡长在坡面侵蚀产沙过程中的作用 [J]. 泥沙研究 (4)：84-96.

蔡强国，1999. 黄土高原小流域侵蚀产沙过程与模拟 [M]. 北京：科学出版社.

曹建军，2006. 美国的保护性耕作策略 [J]. 农机科技推广 (3)：48-49.

陈君达，王兴文，李洪文，1993. 旱地农业保护性耕作体系与免耕播种技术 [J]. 北京农业工程大学学报，13 (1)：27-33.

陈君达，李洪文，1998. 旱地玉米保护性机械化耕作技术和机具体系 [J]. 中国农业大学学报 (4)：33-38.

陈光荣，张国宏，高世铭，等，2009. 粮草豆隔带种植保护性耕作对坡耕地水土流失的影响 [J]. 水土保持学报 (4)：54-58.

陈明华，周伏建，1995. 土壤可蚀性因子的研究 [J]. 水土保持学报，9 (1)：19-24.

陈素英，张喜英，刘孟雨，2002. 玉米秸秆覆盖麦田下的土壤温度和土壤水分动态规律 [J]. 中国农业气象 (4)：34-37.

陈永宗，1989. 黄河粗泥沙来源及其侵蚀产沙机理研究文集 [M]. 北京：气象出版社.

陈玉民，1995. 中国主要作物需水量与灌溉 [M]. 北京：水利电力出版社.

窦保章，周佩华，1982. 雨滴的观测与计算方法 [J]. 水土保持通报 (2)：43-47.

杜兵，邓健，李问盈，等，2000. 冬小麦保护性耕作法与传统耕作法的田间对比试验 [J]. 中国农业大学学报，5 (2)：55-58.

杜丽娟，柳长顺，王冬梅，2004. 黄土高原水土流失区森林资源价值核算 [J]. 水土保持学报，18（1）：93-95.

冯君，李万辉，耿玉辉，等，2006. 作物根茬留田的保土培肥效应 [J]. 土壤通报，37（5）：890-893.

高焕文，2008. 保护性耕作与农业机械发展 [J]. 农机市场（6）：45-48.

高焕文，2004. 保护性耕作技术与机具 [M]. 北京：化学工业出版社.

高焕文，2002. 机械化保护性耕作技术 [J]. 现代化农业（4）：31-33.

高焕文，2005. 保护性耕作概念、机理与关键技术 [J]. 四川农机（4）：22-23.

高焕文，李洪文，李问盈，2008. 保护性耕作的发展 [J]. 农业机械学报，39（9）：43-48.

高焕文，李问盈，李洪文，2003. 中国特色保护性耕作技术 [J]. 农业工程学报，19（3）：1-4.

高克昌，1992. 旱地玉米（高粱）整秸秆覆盖免耕试验 [J]. 山西农业科学，20（12）：4-6.

高旺盛，2007. 论保护性耕作技术的基本原理与发展趋势 [J]. 中国农业科学，40（12）：2702-2708.

高绪科，刘巽浩，1991. 苏联旱农地区的土壤耕作与机具概况 [J]. 干旱地区农业研究（2）：106-108.

高学田，包忠谟，2001. 降雨特性和土壤结构对溅蚀的影响 [J]. 水土保持学报，15（3）：24-26.

关跃辉，2008. 保护性耕作研究现状与发展趋势 [J]. 内蒙古农业科技（1）：78-80.

呼有贤，李立科，1998. 小麦高留茬少耕全程覆盖防止水土流失的效果 [J]. 麦类作物，18（4）：57-58.

黄秉维，1953. 陕西黄土区域土壤侵蚀的因素和方式 [J]. 科学通报（9）：63-75.

黄秉维，1955. 编制黄河中游流域土壤侵蚀分区图的经验教训 [J]. 科学通报（12）：15-21.

江忠善，刘志，贾志伟，1989. 降雨因素和坡度对溅蚀影响的研究 [J]. 水土保持学报，3（2）：29-35.

江忠善，宋文经，李秀英，1983. 黄土地区天然降雨雨滴特性研究 [J]. 中国水土保持（3）：32-36.

蒋定生，黄国俊，1984. 地面坡地对降水入渗影响的模拟试验［J］. 水土保持
　　通报（4）：10‐13.

金轲，蔡典雄，吕军杰，等，2006. 耕作对坡耕地水土流失和冬小麦产量的
　　影响［J］. 水土保持学报，20（4）：1‐5，49.

焦菊英，王万中，李靖，2000. 黄土高原林草水土保持有效盖度分析［J］. 植
　　物生态学报，24（5）：608‐612.

籍增顺，1995. 旱地玉米免耕整秸秆半覆盖技术体系及其评价［J］. 干旱地区
　　农业研究，13（2）：14‐19.

加拿大、澳大利亚考察团，2002. 加拿大、澳大利亚保护型耕作考察报告
　　（节选）［J］. 农机科技推广，5：37‐38.

柯克比 M J，摩根 R P C，1987. 土壤侵蚀［M］. 王礼先，吴斌，洪惜英，
　　译. 北京：水利电力出版社.

孔亚平，张科利，2003. 黄土坡面侵蚀产沙沿程变化的模拟试验研究［J］. 泥
　　沙研究（1）：33‐38.

吕丽华，陶洪斌，夏来坤，等，2008. 不同种植密度下的夏玉米冠层结构特
　　性［J］. 作物学报，34（3）：447‐455.

李洪文，高焕文，王晓燕，等，2003. 我国保护性耕作发展趋势与存在问题
　　［J］. 农业工程学报（19）增刊：46‐48.

李洪文，1995. 北方旱地保护性耕作的土壤水分模型及关键机械技术的研究
　　［D］. 北京：中国农业大学.

李永红，高照良，2011. 黄土高原地区水土流失的特点、危害及治理［J］. 生
　　态经济（8）：148‐153.

李其昀，1996. 深松覆盖免耕沟播机械化技术［J］. 农业工程学报，12（4）：
　　132‐136.

李智广，2009. 中国水土流失现状与动态变化［J］. 中国水利（7）：8‐11.

李安宁，范学民，吴传云，等，2006. 保护性耕作现状及发展趋势［J］. 农业
　　机械学报，37（10）：177‐180.

李丽霞，郝明德，李鹏，等，2004. 模拟降雨条件下不同材料覆盖对水分入
　　渗特征的影响［J］. 水土保持研究，9（3）：46‐47.

李立科，赵二龙，高义民，等，1996. 高留茬少耕全程覆盖对防止水土流失
　　的效果观察［J］. 陕西农业科学（4）：8‐9.

李曼，崔和瑞，2005. 发展保护性耕作技术促进农业可持续发展［J］. 中国农
　　机化（10）：51‐53.

李昱，李问盈，2004. 冷凉风沙区机械化保护性耕作技术体系试验研究［J］.
中国农业大学学报，9（3）：16-20.

刘裕春，李钢铁，郭丽珍，1999. 国内外保护性农业耕作技术研究［J］. 内蒙
古林学院学报，21（3）：83-85.

刘贤赵，康绍忠，1999. 降雨入渗和产流问题研究的若干进展及评述［J］. 水
土保持通报，19（2）：57-65.

罗永藩，1991. 我国少耕与免耕技术推广应用情况与发展前景［J］. 耕作与栽
培（2）：1-7.

蔺海明，1990. 世界旱农技术的研究成果［J］. 世界农业（4）：19-20.

马步洲，1996. 河北旱作与节水农业之研究［M］. 北京：中国农业科技出
版社.

马春梅，纪春武，唐远征，等，2006. 保护性耕作土壤肥力动态变化的研究：
秸秆覆盖对土壤温度的影响［J］. 农机化研究，（4）：137-139.

马大敏，王秀，宁吉利，等，1998. 干旱、半干旱一年两熟地区保护性耕作
技术及配套机具研究［J］. 华北农学报，13（3）：58-61.

马俊贵，2004. 保护性耕作技术简介［J］. 新疆农机化（4）：19-20.

马兴旺，2004. 干旱区沙漠化土地治理与保护性耕作［J］. 新疆农业科学，41
（3）：138-142.

牟金泽，孟庆枚，1983. 降雨侵蚀土壤流失预报方程的初步研究［J］. 中国水
土保持（6）：23-27.

牟金泽，1983. 雨滴速度计算公式［J］. 中国水土保持（3）：13-17.

穆兴民，戴海伦，高鹏，等，2010. 陕北黄土高原降雨侵蚀力时空变化研究
［J］. 干旱区资源与环境，24（3）：37-43.

钱正英，1982. 全面贯彻执行《水土保持工作条例》，为防治水土流失，根本
改变山区面貌而奋斗［J］. 水土保持通报，2（5）：18-21.

秦红灵，李春阳，高旺盛，等，2005. 北方农牧交错带干旱区保护性耕作对
土壤水分的影响研究［J］. 干旱地区农业研究，23（6）：2-22.

阮伏水，1995. 福建花岗岩地区坡度和坡长对土壤侵蚀的影响［J］. 福建师范
大学学报（1）：100-106.

沈裕琥，黄相国，王海庆，1998. 秸秆覆盖的农田效应［J］. 干旱地区农业研
究，16（1）：45-50.

史德明，1983. 土壤侵蚀调查方法中的侵蚀分类和侵蚀制图问题［J］. 中国水
土保持（5）：15-18.

参考文献

参考文献

参 考 文 献

参考文献

史德明, 1998. 如何正确理解有关水保持术语的讨论 [J]. 土壤侵蚀与水土保持学报, 4 (4): 89-91.

施森宝, 胡鸿烈, 丁加明, 1990. 秸秆覆盖免耕法 [J]. 农业工程学报, 6 (3): 31-36.

苏子友, 杨正礼, 王德莲, 等, 2004. 豫西黄土坡耕地保护性耕作保水效果研究 [J]. 干旱地区农业研究, 22 (3): 6-9.

孙超图, 解建宝, 李占斌, 1994. 掺气喷洒式极小雨强降雨装置试验研究 [J]. 水土保持学报, 8 (4): 91-95.

唐克丽, 2000. 退耕还林还牧与保障食物安全的协调发展问题 [J]. 中国水土保持 (8): 35-37.

唐克丽, 1990. 黄土高原地区土壤侵蚀区域规律及治理途径 [M]. 北京: 中国科学技术出版社.

唐涛, 2008. 模拟降雨条件下保护性耕作的水土保持效应研究 [D]. 杨凌: 西北农林科技大学.

唐涛, 郝明德, 单凤霞, 2008. 人工降雨条件下秸秆覆盖减少水土流失的效应研究 [J]. 水土保持研究, 15 (1): 9-11.

汤立群, 1995. 坡面降雨溅蚀及其模拟 [J]. 水科学进展, 6 (4): 304-310.

涂建平, 徐雪红, 夏忠义, 2004. 南方农业保护性耕作的进展 [J]. 农机化研究 (2): 30-31.

王长生, 王遵义, 苏成贵, 等, 2004. 保护性耕作技术的发展现状 [J]. 农业机械学报, 34 (1): 167-169.

王茄, 1994. 免耕覆盖对土壤结构和微生物的影响 [J]. 山西农业科学, 22 (3): 17-19.

王荚文, 郝明德, 2009. 人工模拟降雨条件下谷子留茬的水土保持效应研究 [J]. 水土保持通报, 29 (4): 134-137.

王法宏, 冯波, 王旭清, 2003. 国内外免耕技术应用概况 [J]. 山东农业科学 (6): 49-53.

王延好, 张肇鲲, 2004. 保护性耕作在加拿大的研究及现状 [J]. 安徽农学通报, 10 (2): 5-6.

王育红, 姚宇卿, 吕军杰, 2002. 残茬和秸秆覆盖对黄土坡耕地水土流失的影响 [J]. 干旱地区农业研究, 20 (4): 109-111.

王效科, 欧阳志云, 肖寒, 等, 2001. 中国水土流失敏感性分布规律及其区划研究 [J]. 生态学报, 21 (1): 14-19.

王礼先，1995. 水土保持学［M］. 北京：中国林业出版社 .

王万忠，焦菊英，1996. 黄土高原降雨侵蚀产沙与黄河输沙［M］. 北京：科学出版社 .

王晓燕，高焕文，2001. 保护性耕作的不同因素对降雨入渗的影响［J］. 中国农业大学学报，6（6）：42 - 47.

王晓燕，高焕文，李洪文，2003. 旱地保护性耕作地表径流和土壤水分平衡模型［J］. 干旱地区农业研究，21（3）：97 - 10.

王晓燕，高焕文，李洪文，等，2000. 保护性耕作对农田地表径流与土壤水蚀影响的试验研究［J］. 农业工程学报，16（3）：66 - 69.

王晗生，刘国彬，1999. 植被结构及其防止土壤侵蚀作用分析［J］. 干旱区资源与环境，13（2）：62 - 68.

王占礼，邵明安，李勇，2002. 黄土地区耕作侵蚀过程中的土壤再分布规律［J］. 植物营养与肥料学报，8（2）：168 - 172.

吴伯志，刘立光，郑毅，等，1996. 不同耕作措施对坡耕地红壤侵蚀规律的影响［J］. 耕作与栽培，（5）：17 - 20.

吴长文，王礼先，1995. 林地坡面的水动力学特性及其阻延地表径流的研究［J］. 水土保持学报，9（2）：32 - 38.

吴兰，2001. 澳大利亚机械化旱作节水农业和保护性耕作情况［J］. 四川农机（2）：20 - 21.

吴敬民，董百舒，1991. 秸秆还田效果及其在土壤培肥中的地位［J］. 土壤通报，22（5）：211 - 215.

辛树帜，蒋德麒，1982. 中国水土保持概论［M］. 北京：农业出版社 .

信乃诠，2002. 中国北方旱区农业研究［M］. 北京：中国农业出版社 .

夏卫兵，1989. 具有中国特色的水土保持科学体系浅述［J］. 水土保持通报，9（4）：30 - 34.

谢瑞芝，李少昆，金亚征，等，2008. 中国保护性耕作试验研究的产量效应分析［J］. 中国农业科学，41（2）：397 - 404.

谢瑞芝，李少昆，李小君，等，2007. 中国保护性耕作研究分析：保护性耕作与作物生产［J］. 中国农业科学，40（9）：1914 - 1924.

谢树楠，1990. 黄河中游黄土沟壑区暴雨产沙模型的研究［M］. 北京：清华大学出版社 .

于东升，史学正，吕喜，1998. 低丘红壤区不同土地利用方式的 C 值及可持续性评价［J］. 土壤侵蚀与水土保持学报，4（1）：46 - 53.

杨林，赵嘉琨，王衍，等，2001. 澳大利亚机械化旱作节水农业和保护性耕作考察报告 [J]. 农机推广 (3)：20 - 22.

杨佩珍，2003. 稻麦秸秆全量直接还田对产量及土壤理化性状的影响 [J]. 上海农业学报，19 (1)：53 - 57.

杨学明，张晓平，方华军，2004. 北美保护性耕作及对中国的意义 [J]. 应用生态学报，15 (2)：335 - 340.

杨国虎，李新，王承莲，等，2006. 种植密度影响玉米产量及部分产量相关性状的研究 [J]. 西北农业学报，15 (5)：57 - 60，64.

殷水清，谢云，2005. 黄土高原降雨侵蚀力时空分布 [J]. 水土保持通报，25 (4)：29 - 33.

赵二龙，1998. 旱地小麦高留茬少耕全程覆盖高产技术体系研究 [J]. 西北农业学报，7 (4)：86 - 90.

赵廷祥，2002. 农业保护性耕作与生态环境保护 [J]. 农村牧区机械化 (4)：7 - 8.

张飞，赵明，张宾，2004. 我国北方保护性耕作发展中的问题 [J]. 中国农业科技导报，6 (3)：36 - 39.

张洪江，2000. 土壤侵蚀原理 [M]. 北京：中国林业出版社 .

张岩，朱清科，2006. 黄土高原侵蚀性降雨特征分析 [J]. 干旱区资源与环境，20 (6)：99 - 103.

张克诚，2006. 保护性耕作与病虫害综合防治 [J]. 农机科技推广，5：11 - 12.

张海林，高旺盛，陈阜，2005. 保护性耕作研究现状、发展趋势及对策 [J]. 中国农业大学学报，10 (1)：16 - 20.

张光辉，梁一民，1996. 植被盖度对水土保持功效影响的研究综述 [J]. 水土保持研究，3 (2)：104 - 109.

张铁军，李禹红，2004. 再议保护性耕作 [J]. 农机科技推广 (3)：10 - 11.

张晓艳，王立，黄高宝，等，2008. 保护性耕作防治坡耕地水土流失效应的研究 [J]. 安徽农业科学，36 (6)：2520 - 2538.

章秀福，王丹英，符冠富，等，2006. 南方稻田保护性耕作的研究进展与研究对策 [J]. 土壤通报，37：346 - 351.

张志田，1992. 旱地农田的保墒效应研究 [D]. 北京：中国农业科学院 .

张志强，王礼先，2001. 森林植被影响径流形成机制研究进展 [J]. 自然资源学报，16 (1)：79 - 83.

翟瑞常，1996. 耕作对土壤生物 C 动态变化的影响 [J]. 土壤学报，33 (2)：

201－210.

郑粉莉，1998. 黄土区坡耕地细沟间侵蚀和细沟侵蚀的研究 [J]. 土壤学报，35 (1)：95－103.

郑文杰，郑毅，Fullen M A，等，2006. 模拟降雨条件下秸秆编织地表覆盖物对土壤侵蚀和小麦产量的影响 [J]. 土壤通报，37 (5)：969－972.

中国耕作制度研究会，1991. 中国少免耕与覆盖技术研究 [M]. 北京：科学出版社.

周顺利，赵明，崔玉亭，2003. 保护性耕作与作物栽培技术 [M]. 北京：科学技术出版社.

周佩华，窦葆璋，孙清芳，等，1981. 降雨能量的试验研究初报 [J]. 水土保持通报，1 (1)：51－60.

朱文珊，娄成后，1996. 北方半干旱地区持续农业研究 [M]. 北京：中国农业科技出版社.

朱显谟，1956. 黄土区土壤侵蚀的分类 [J]. 土壤学报，4 (2)：99－115.

朱显谟，1991. 黄土高原的形成与整治对策 [J]. 水土保持通报，11 (1)：1－8.

朱显谟，1998. 黄土高原脱贫致富之道：三论黄土高原的国土整治 [J]. 水土保持学报 (4)：1－5.

朱显谟，1960. 黄土地区植被因素对水土流失的影响 [J]. 土壤学报，8 (2)：110－121.

朱文珊，1996. 地表覆盖种植与节水增产 [J]. 水土保持研究 (3)：141－145.

Blevins R L, 1990. Tillage effects on sediment and soluble nutrient losses from a Maury silt loamsoil [J]. J Environ Qual, 19 (4)：683－686.

Bennet H H, 1926. Some comparisons of properties of humid‐temperate American soils with special reference to indicated relations between chemical composition and physical properties [J]. Soil Sci. (21)：349－375.

Benites J R, Dcrpsch R, McGarry D, 2003. The current status and future growth potential of conservation agriculture in the world context [C] //Proceedings of 16th ISTRO Conference, July 13－18, the University of Queensland, Brisbane, Australia.

Cook L, 1936. The nature and controlling variables of the water erosion Process [J]. SoilSci Soc Am Proceedings (1)：60－64.

Cornish P S, Lymbery J R, 1987. Reduced early growth of direct drilled wheat in southern New South Wales: causes and consequences [J]. Aust. J. Exp. Agric, 27: 869 - 880.

Conservation Tillage Information Center, 2000. What is conservation tillage [R/OL]. http: //www. ctic. purdue. cdl/Core41 CT/Deflnitions. html.

Conservation Tillage Information Center, 2001. 1990 - 2000 conservation tillage trends [R/OL]. http: //www. ctic. purdue. edu/Core4/CT/CTSurvey/NationalData. html.

Derpsch R, 1999. Frontiers of conservation tillage and advances in conservation practice [C]. The 10th ISCO Conference, May: 24 - 28.

DeRoo A P J, 1996. The LISEM project an introduction [J]. Hydrological Processes (10): 1021 - 1025.

Domzal H, Slowinska - Jurkiewica A, 1987. Effects of tillage and weather conditions on structure and Physical properties of soil and yield of winter wheat [J]. Soil & Tillage Research (10): 225 - 241.

Edwards W M, 1992. Role oflumbriens terrestrials burrows on quality of infiltration water [J]. Soil Biol Biochem, 24 (2): 1555 - 1561.

Ellison W D, Ellison O T, 1947. Soil erosion studies - Part Ⅵ: Soil detachment by surface flow [J]. Agric. Eng. , 28 .

Ellison W D, 1947. Soil erosionstudies [J]. Agric. Eng. (28): 145 - 146.

Forster G R, Meyer L D, 1977. On stad C A. An erosion equation derived from basic erosion principles [J]. Trans of ASAE, 20 (4) .

Foster G R, Meyer L D, 1972. A closed - form soil erosion equation for upland areas [C].

Free E E, 1911. The movement of soil materials by wind [J]. USDA Bur. Soil Bull. (68): 271 - 272.

Fryrear D, Wand L L, 1997. Wind erosion research accomplishments and needs. Transactions of the ASAE, 20 (5): 916 - 918.

Guy L, Brfan M, Mark S, 2004. Conservation tillage models for small scale Farming [C]. Proceedings of 2004 CIGR International Conference. Beijing.

Gyssels G, Posen J, Nachtergaele J, et al. , 2002. The impact of sowing density of small grains on rill and ephemeral gully erosion in concentrated flow zones [J]. Soil & Tillage Research, 64: 189 - 201.

Gyssels G, Poesen J, 2003. The importance of plant root characteristics in controlling concentrated flow erosion rates [J]. Earth Surface Processes and Landforms, 28: 371 - 384.

Hendrix P F, 1992. Abundance and distribution of earthworm in relation to landscape factors on the GeorgiaPiedmont [J]. Soil Boil Biochem, 24 (12): 1357 - 1361.

Kaspar T C, Radke J K, Laflen J M, 2001. mall grain cover crops and wheel traffic effects on infiltration, runoff, and erosion [J]. Journal of Soil and Water Conservation.

Lane L J, Nearing M A, Laflen J M, 1992. Description of the U. S. Department of the Agriculture Water Erosion Prediction Project (WEPP) Model// Overland Flow Hydraulics and Erosion Mechanics [M]. London: UCL Press.

Lal R, Griffin M, Apt J, et al. , 2004. Managing soil carbon [J]. Science, 304 (4): 393.

Lal R, 2004. Soil carbon sequestration impacts on global climate change and foodsecurity [J]. Science, 304 (11): 1623 - 1627.

Larney F J, Kladivko E J, 1998. Soil strength properties under four tillage systems at three long - term study sites in Indiana [J]. Soil Science Society, (53): 1539 - 1545.

Li M, Cui R H, 2005. Developing protective farming technique, promoting agricultural sustainable development [J]. Chinese Agricultural Mechanization (5): 51 - 53.

Mannering J V, Fenster C R, 1983. What is conservation tillage [J]. Soil Water Conservation, 38 (3): 141 - 143.

Meyer L D, 1984. Evaluation of the universal soil lossequation [J]. Journal of soil Water Conservation [J]. (39): 99 - 104.

Meyer L D, Wischmeier W H, 1969. Mathematical simulation of the process of s oil erosion by water [J]. Trans of ASAE, 12 .

Middleton H E, 1930. Properties of soils which influence soilerosion [J]. USDA Tech. Bull. , 178: 16.

Nearing M A, Foster G R, Lane L J, et al. , 1989. A process - based soil erosion model for USDA - Water Erosion Prediction Project Technology [J]. Trans. ASAE, 32: 1587 - 1593.

Neil J S, 2004. Future directions for dry land soil management under direct seeding techniques – an Australian perspective [C]. Proceedings of 2004 Western States Conservation Tillage Conference, University of California, USA.

Noel D, Uri, 1998. The Environmental Consequences of the Conservation Tillage Adoption Decision in Agriculture in the United States [J]. Water, Air, and Soil Pollution, 103: 9 – 33.

Oussible M, Crookston R K, Larson W E, 1992. Subsurface compaction reduces the root and shoot growth and grain yield of wheat [J]. Agron. J, 84: 34 – 38.

Parsons A J, Abrahams A D, 1992. Overland Flow Hydraulics and Erosion Mechanics [M]. London: UCL Press.

Ralph P, 2004. Analyzing future farming practices today [C]. Proceedings of 2004 Western States Conservation Tillage Conference, University of California, USA.

Renard K D, Forste G D, Weesies G A, 1997. Prediction rainfall erosion by water: a guild to conservation planning with the revised universal soil loss equation (RUSLE) [S]. USDA Agricultural Handbook No. 703.

Schertz D, 1988. Conservation tillage: an analysis of acreage projections in the United States [J]. Journal of Soil and Water Conservation, 33: 256, 258.

Schwab E B, Reeves D W, Burmester C H, et al., 2002. Conservation tillage systems for cotton in the tennessee valley [J]. Soil Sci Soc Am J, 66: 569 – 577.

Shen H W, 1972. Sedimentation [C]. Colorado State Univ., Ft. Collins, CO.

Smith D D, 1941. Interpretation of soil conservation data for field use. Agric [J]. Eng., 22: 173 – 175.

Snyder S D, Tanaka N, 1995. Calculating total acoustic power output using modal radiationefficiencies [J]. J. Acoust. Soc. Am., 97 (3): 1702 – 1709.

Sprague M A, Triplett G B, 1986. No – tillage and surface – tillage agriculture: the tillage revolution [M]. New York: John Wiley & Sons, Inc.

Tebrugge F, Bohmsen A, 2001. Farmers and experts opinion on no – tillage in West – Europe and Nebraska [J]. Paper presented at world congress on conservation Agriculture, Madrid, Spain.

Unger P W, McCalla T M, 1980. Conservation tillage systems [J]. Advances in Agronomy, 33: 1 - 58.

USDA - Water Erosion Prediction Project, 1995. NSERL No. 2 National Soil E-rosion Research Laboratory [C]. USDA - ARS. West Lafayette.

Uri, Noel D, 1999. Factors affecting the use of conservation tillage in the United States [J]. Water, Air, and Soil Pollution, 116: 621 - 638.

Wicks G A, Crutchfield D A, Burnside O C, 1994. Influence of wheat (*Triticum aeativum*) straw mulch and metolachlor on corn (*Zea mays*) growth and yield [J]. Weed Sci, 42: 141 - 147.

Wischmeier W H, Smith D D, 1965. Predicting rainfall - eroison losses from cropland east of the Rocky Mountains [M]. USDA Agricultural Handbook, No. 292.

Zingg A W, 1940. Degree and length of land slope as it affects soil loss in run-off [J]. Agricultural Engineering (21): 59 - 64.